三江源水资源演变及其生态环境效应评价

王永强　袁　喆　胡智丹　汤正阳　著

U0252460

科学出版社

北京

内 容 简 介

本书介绍三江源及其区域水资源概况，总结三江源降水变化规律、径流演变规律及其模拟方法、生态环境价值和社会经济价值研究进展，阐述三江源水汽-降水转化关系的时空变化特征、典型降水异常态及气象成因、径流时空演变规律及归因，结合全球气候模式对未来三江源降水、气温、径流变化趋势进行分析，评价三江源典型区域水资源生态环境效应。全书主要分为四个方面：三江源地区降水多尺度变化特征、降水异常态及气象成因；三江源地区径流时空演变规律及其归因分析；未来三江源降水、气温、径流变化趋势；三江源典型区域水资源生态环境效应评价。

本书可供水资源演变、保护与管理等有关专业领域科研人员、教师和研究生参考阅读。

图书在版编目（CIP）数据

三江源水资源演变及其生态环境效应评价/王永强等著. —北京：科学出版社，2022.9
ISBN 978-7-03-071192-2

Ⅰ.① 三… Ⅱ.① 王… Ⅲ.① 水资源-演变-研究-青海 ②水环境-生态环境-环境效应-研究-青海 Ⅳ.① TV211.1 ②X143

中国版本图书馆 CIP 数据核字（2021）第 268586 号

责任编辑：邵 娜/责任校对：高 嵘
责任印制：彭 超/封面设计：苏 波

科 学 出 版 社 出版
北京东黄城根北街 16 号
邮政编码：100717
http://www.sciencep.com
武汉精一佳印刷有限公司印刷
科学出版社发行 各地新华书店经销
*
开本：787×1092 1/16
2022 年 9 月第 一 版 印张：12 3/4
2022 年 9 月第一次印刷 字数：302 000
定价：138.00 元
（如有印装质量问题，我社负责调换）

自 20 世纪 70 年代起，全球气候已明显变暖。联合国政府间气候变化专门委员会（IPCC）第五次气候变化评估报告（AR5）表明：1880～2012 年全球地表平均气温升高了 0.85 ℃，其中，在北半球地区，1983～2012 年可能是过去 1 400 年中最暖的 30 年。人类活动所排放的 CO_2、N_2O 和 CH_4 等温室气体是气候变化的主导因素。三江源位于青藏高原腹地，是长江、黄河和澜沧江的源头汇水区，其水文循环过程对气候变化响应敏感。在当前以增温为主要特征的全球气候变化背景下，三江源地区降水、径流时空格局及两者之间的关系发生更为显著的变化。近 60 年来，三江源地区降水量变化率达到 20 mm/10 a，是同期青藏高原降水量变化率的 2 倍；径流的变化存在着一定的空间差异性，其中长江源地区和澜沧江源地区年径流量呈现增加的趋势，其变化速率分别为 6.5 亿 m^3/10 a 和 1.4 亿 m^3/10 a，而黄河源地区年径流量则以 2.2 亿 m^3/10 a 的速率减少。降水与径流的变化必然会引起陆地水资源在时间和空间上重新分布，对本地和下游地区水文过程和水资源分配格局造成影响，不仅会直接影响到大江大河、"中华水塔"及周边的水资源和生态环境，还将使下游地区的水资源安全面临诸多风险。除此之外，引发三江源地区高原水循环要素异常的"信号"，会通过青藏高原动力和热力作用"放大"，对我国其他区域气候和水文循环造成深刻的影响，进而伴随大规模的极端气象水文事件，这无疑会给水资源安全带来重大隐患。通过分析历史气候变化对三江源地区降水、径流的影响，揭示气候变化背景下径流的变化规律，预测未来气候变化引起的降水、气温、径流变化，对三江源地区水资源保护与利用尤为重要。

因此，围绕三江源区域水资源演变过程中的关键科学问题，探究降水、径流历史演变规律及其变化归因，研究降水、径流变化模拟方法，分析全球气候模式下未来三江源区域降水、径流变化趋势，并以典型区域为例评价三江源区域水资源的生态环境效应，对研究三江源区域水资源演变规律、水资源保护策略等具有实际参考意义与应用价值。

全书共分为 6 章，其内容如下。

第 1 章概述三江源区域水资源现状，围绕降水、径流演变规律及其模拟方法，以及水资源生态环境价值与社会经济价值等，分析国内外研究进展。

第 2～3 章分析三江源地区 1979～2016 年大气可降水量、降水及降水转化率的年际、季节时空变化特征，诊断气候变化影响下的典型降水异常态，并进行气象成因分析。

第 4 章分析三江源地区降水、气温、径流的演变规律，三江源地区土地利用的时空变化特征；并探究源区的降水、径流空间分布关系和源区内径流对土地利用变化和气象变化的响应关系。

第 5 章基于 ERA5 再分析数据，以 1980～2014 年为基准期，研究全球气候模式下至 2100 年未来时期三江源地区不同情景下的降水、气温、径流变化趋势。

第 6 章评价三江源典型区域水资源的生态环境效应，包括达日县水资源生态环境效应评价和长江源区 NPP 时空变化及其对水热条件的响应。

　　本书的相关研究和出版得到国家自然科学基金长江水科学研究联合基金重点支持项目"长江流域水资源量演变规律与中长期预测和评价规划方法研究"（U2040212），国家重点研发计划项目"降水径流挖潜与高效利用的效果与影响评价研究"（2017YFC0403606），国家自然科学基金重大项目"长江源及上游山区水循环演变及其驱动机制研究"（41890821），中央级公益性科研院所基本科研业务费专项资金"长江源区水-生态-环境演变与适应性保护对策研究"（CKSF2021485/SZ）的资助，得到水利部长江水利委员会长江科学院、华中科技大学、水利部长江水利委员会水文局的大力支持，在此表示感谢。同时，衷心感谢本书所引用参考文献的作者曾经做出的大量工作！

　　参与课题研究的主要研究人员鄢波、娄思静、吴志俊、许翔、刘万、张洪云、堵依琳、张森等以不同方式为本书的完成做出了大量贡献，对他们表示由衷的感谢。

　　由于时间和水平有限，书中难免存在疏漏与不足之处，敬请读者批评指正！

作　者

2021 年 8 月 3 日于武汉

►►►目录

第 1 章

绪 论

1.1 三江源及其区域水资源概况

1.1.1 区域概况

三江源地区位于青藏高原中东部、青海省南部，是青藏高原的腹地[1]，面积大约为 36.3 万 km²，地理位置为北纬 31°39′~36°12′，东经 89°45′~102°23′。三江源地区西、西南与新疆、西藏接壤，东、东南和四川、甘肃毗邻，北以青海海西蒙古族藏族自治州和海南藏族自治州的共和县、贵南县、贵德县三县及黄南藏族自治州同仁市为界。

三江源地区是我国三大主要河流长江、黄河和澜沧江的源头汇水区，地势西高东低、南高北低，山地是主要地貌，区内山脉分布众多、地形较为复杂。地貌组合在南北方向上呈现山地与河谷湖盆相间现象，东西方向上表现为东南部流水与冰川作用地貌较强，而西北部风成地貌和湖泊地貌发育。研究区平均海拔 4 300 m，最高点海拔 6 824 m，位于昆仑山的布喀达坂峰，最低点海拔约为 2 580 m，处于玉树藏族自治州东南部的金沙江江面。

如图 1.1 所示，在三个源区中，长江源区平均海拔最高，约为 4 200 m，地势相对平坦、起伏较小，多高原湖泊分布，主要分为三个地貌单元：唐古拉山高山区、西部高平原区、东部巴颜喀拉山高山区。长江源区分为两部分，大部分地区位于三江源地区中西部，另有小部分位于三江源地区西南角，总面积为 15.9 万 km²，约占三江源地区总面积的 44%。黄河源区位于三江源地区东部，面积为 16.7 万 km²，约占三江源地区总面积的 46%。澜沧江源区，面积为 3.7 万 km²，约占总面积的 10%。

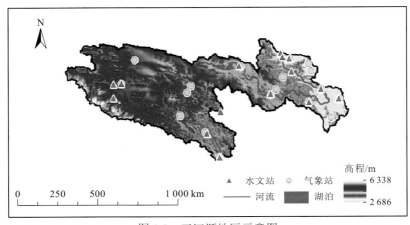

图 1.1 三江源地区示意图

三江源行政区域包括果洛藏族自治州的玛多县、玛沁县、达日县、甘德县、久治县和班玛县 6 个县，玉树藏族自治州的称多县、杂多县、治多县、曲麻莱县、囊谦县和玉树市 6 个县市，海南藏族自治州的兴海县、同德县 2 个县，黄南藏族自治州的泽库县、河南蒙古族自治县 2 个县以及海西蒙古族藏族自治州的格尔木市管辖的唐古拉山镇，共 16 县市、1 镇。三江源地区还是少数民族聚集地，除河南蒙古族自治县以蒙古族为主外，各县市皆以藏族为主，区内分布的其他民族还有汉族、回族、撒拉族、东乡族、土族、满族等。三江源地区地广人稀，人口密度极低，常住人口约为 91.7 万人[2]。

1.1.2　水资源概况

1. 地表水资源

1）河流水系

三江源地区水系众多，可以分为外流水系和内流水系，有大小河流约 180 条，河流面积 0.16 万 km^2[3]。外流水系包括长江、黄河、澜沧江三条大河的源头流域。其中，长江源有一级支流 109 条、二级支流 274 条、三级支流 162 条和四级支流 30 条，其主要的支流的年径流量分别为：当曲 46.06 亿 m^3、楚玛尔河 10.39 亿 m^3、沱沱河 9.18 亿 m^3、莫曲 11.70 亿 m^3、北麓河 3.98 亿 m^3、科欠曲 3.55 亿 m^3、色吾曲 3.2 亿 m^3 等。黄河源有一级支流 126 条、二级支流 338 条、三级支流 157 条和四级支流 8 条，其主要支流年径流量分别为：多曲 3.5 亿 m^3、热曲 19.87 亿 m^3、达日勒曲 8.45 亿 m^3、切木曲 8.33 亿 m^3、曲什安河 8.16 亿 m^3、巴曲 16.71 亿 m^3 及隆务河 6.6 亿 m^3。澜沧江源有一级支流 46 条、二级支流 108 条、三级支流 51 条和四级支流 7 条，其主要支流年径流量分别为：扎曲 97.8 亿 m^3、昂曲 53.6 亿 m^3 及子曲 43.20 亿 m^3。内流水系包括羌塘高原水系、柴达木盆地水系和青海湖水系。位于三江源地区西北的羌塘高原属于我国著名的内流湖区，河网密集、湖泊众多。虽然由于地形的阻隔，羌塘内流河湖与长江、澜沧江等外流河分属于不同的流域，两者之间不存在直接的通路，但是，由于存在地下水交换和大气水热交换[4]，以及生态系统相互耦合，两者之间仍然紧密相连。

直门达水文站、唐乃亥水文站和昌都水文站分别为长江源、黄河源、澜沧江源的重要控制站，三个水文站以上的流域即为长江源、黄河源、澜沧江源。其中直门达水文站（1954～2008 年）的年均径流为 125.9 亿 m^3[5]、唐乃亥水文站（1956～2016 年）的年均径流为 205.1 亿 m^3[6]、昌都水文站（1960～2018 年）的年均径流为 153.8 亿 m^3[7]。

2）湿地资源

三江源地区河流密布，湖泊、沼泽众多，雪山冰川广布，是世界上海拔最高、面积最大、分布最集中的地区，被誉为"中华水塔"。三江源地区有四大类湿地类型包括河流湿地、湖泊湿地、沼泽湿地和人工湿地，湿地总面积达 7.33 万 km^2[8]，约占保护区总面积的 22.9%。三江源是一个多湖泊地区，三江源地区湖泊湿地总面积为 8 775 km^2，主要分布在内陆河流域和长江、黄河的源头段，大小湖泊 1 800 余个，湖水面积在 0.5 km^2 以上的天然湖泊有 188 个，总面积 0.51 万 km^2[3]。此外，三江源地区拥有大量的沼泽面积，在黄河源区、长江源区和澜沧江源区，包含大量的独特类型的沼泽，是中国最大的天然沼泽分布地。

3）冰川雪山

冰川是我国西部独特的山地景观，冰川的融水补给河流，浇灌着内陆盆地农田，冰川融化过程又会调节气候，降低局地气温。三江源地区冰川较多，2019 年源区总共有冰川 1 238 条，冰川面积约 1 217.96 km²，冰川储量为 87 km³。冰川以长江源区为最多，分布冰川 869 条，冰川总面积为 1 010.55 km²，冰川储量为 75.37 km³；黄河源区有冰川 94 条，面积达到 96.6 km²，冰川储量为 7.2 km³；澜沧江源区有冰川 275 条，面积为 110.8 km²，但冰川储量为 5.09 km³[9]。

受气候变暖等因素的影响，截至 2001 年，三江源地区冰川面积在过去的 30 年间整体减少 233 km²。观测资料显示，当曲河源冰川退缩率达到每年 9 m 时，沱沱河源冰川退缩率达到每年 8.25 m，格拉丹冬的岗加曲巴冰川在近 20 年中后退了 500 m，年均后退 25 m。澜沧江源区雪线以下到多年冻土地带的下界，海拔 4 500~5 000 m，呈冰缘地貌，下部因热量增加，冰丘热融滑塌、热融洼地等类型发育。山北坡较南坡冰舌长 1 倍以上，冰舌从海拔 5 800 m 雪线沿山谷向下至末端海拔 5 000 m 左右，最长的冰舌长 4.3 km。源区最大的冰川是色的日冰川，面积为 17.05 km²，是查日曲两条小支流穷日弄、查日弄的补给水源[10]。

根据冰川编目数据对三江源地区冰川的统计，2016 年共计发育冰川 1 571 条，冰川面积约为 2.36×10³ km²。对不同规模等级冰川进行统计，结果表明小冰川（面积小于 10 km²）的冰川条数占三江源地区冰川总数的 74.45%，其面积占冰川总面积的 15.34%；大冰川（面积大于 10 km²）的冰川条数占三江源地区冰川总数的 2.63%，其面积占冰川总面积的 38.65%。随着全球气候变暖，三江源地区冰川消融加速。与第二次冰川编目（2004~2011 年）相比，2020 年三江源地区格拉丹东冰川和阿尼玛卿冰川面积分别减少 5.51%和 4.96%[11]。根据长江源沱沱河流域冰川径流的估算，沱沱河流域年平均冰川融水量为 0.38 亿 m³，在 2010 年，冰川融水径流达到最大值，比 1960~2000 年的冰川平均融水径流增加了 120.89%[12]。

2. 地下水资源

三江源地区地下水资源蕴藏量比较丰富。根据《2020 年青海省水资源公报》，三江源地区地下水资源总量为 326.23 亿 m³。

长江源区地下水资源量约为 122.71 亿 m³。长江源区地下水属山丘区地下水，主要是基岩裂隙水，其次是松散碎屑岩孔隙水，此外还有冻结层水，其补给来源主要有天然降水的垂直补给和冰雪融水补给，以水平径流为主。地下水分布和降水量分布一致。长江源区普遍分布着地下水上涌所形成的泉涌，河流干支流附近谷地多有密布的泉群，以楚玛尔河下游北岸泉群的泉眼数为最多，分布面积也最广。深循环的地下水沿断裂通道上涌而形成的温泉在长江源区南北部有出露，以唐古拉山北麓为多，最为集中的温泉群在布曲上段河谷地带。山丘区地下水通过河川外泄，与地表水重合，故长江源区地表水资源量即为水资源总量。

黄河源区地下水资源量约为 138.74 亿 m^3。黄河源区属高原山丘地区，地下水资源动储量包括山区裂隙水域多年冻土层上部地表活动层潜水，均侧向补给河川径流而转化为地表水。

澜沧江源区地下水资源量约为 64.78 亿 m^3。澜沧江源区地下水属山丘区地下水，分布特征主要是基岩裂隙水，其次是碎屑岩孔隙水。补给来源单一，主要接受降水的垂直补给和冰雪融水补给，以水平径流为主，通过河流和潜流排泄。水质较好，pH 为 7～8.5。

另外，三江源地区的内流区蕴藏地下水资源量约为 93.83 亿 m^3，其中羌塘高原内流区约为 9.06 亿 m^3、柴达木盆地约为 55.67 亿 m^3、青海湖水系约为 29.10 亿 m^3。

1.2　三江源降水变化规律分析方法及模拟方法研究进展

1.2.1　三江源降水变化规律分析方法

受全球变暖影响，青藏高原经历了变暖和增湿的过程[13]，在此背景下，三江源地区的降水已经发生显著的变化。刘晓琼等[14]、强安丰等[15]基于观测系列完整的站点数据分析三江源地区的降水变化，证实了 21 世纪以来源区降水整体增加的事实。年际上，年均降水量主要呈现自东南向西北递减的空间分布格局，空间趋势上有斑块状分布的降水减少区，空间差异显著；季节上，变化呈现明显的区域和季节性差异，夏季降水量为四季最大，与年际降水变化趋于一致，春秋两季降水量差异不大且变化趋于一致，冬季降水量最低，空间差异最小。这与青藏高原观测到的降水整体呈现增加，季节和空间分布差异显著，夏季降水具有主导性的变化特征一致[16-18]。但是，目前研究表明，三江源地区降水的变化与其最关键的驱动要素——水汽的变化有着明显的差异。强安丰等[19]利用欧洲气象中心资料（ERA-interim）再分析数据计算三江源地区整层水汽含量并与观测降水进行对比，发现水汽含量的增速远远大于降水的增速，这使得水汽-降水转化效率在部分时段出现不显著的下降趋势，呈现出水分收支异常的气象干旱现象[20]。诸多关于青藏高原水汽-降水转化的研究表明，这种气象干旱有增长的趋势，主要发生在包括三江源地区在内的青藏高原东南部，而这一地区的降水是整个青藏高原最为丰沛的[13,21-24]，这一变化与明显暖湿化的气候背景形成鲜明对比。诸多学者针对该问题进行了深入研究，试图解释这一变化的原因。

对于总体暖湿化、降水增加的趋势：陈德亮等[25]指出水循环加强是水体对气候变暖和变湿的响应，在全球变暖的事实面前，青藏高原水循环过程加强，大气水汽含量、降水量都将会相应增加；Guo 和 Wang[26]从水汽再循环的角度出发，指出青藏高原内部蒸散发水汽增多、水汽再循环率增大、区域水循环加速是降水增加的原因之一；同时，季风对水汽输送、降水转化有重要影响，在分析水汽-降水变化时需要考虑季风因素，Gao 等[13]指出随季风环流的加强，青藏高原附近的低空南风和高空北风加强，并发现东亚西风急流整体呈现北移迹象，水汽输送整体极向移动加大了季风降水控制范围，增加了高原降水。

对于降水整体增加不如水汽显著这一现象，可能与贡献降水的水汽输入减少有关。Gao 等[13]指出近几十年来西风水汽输送减弱使得来自欧亚大陆的水汽对青藏高原降水贡献减少，加之西风急流系统整体北移，使得西风环流对高原南部降水的控制减弱；解承莹等[27]指出近 40 年来尽管青藏高原东南部大气可降水量呈现增加趋势，但水汽收支呈现递减趋势，同时还发现区域西风活动减弱使得西风带纬向水汽输送减少；Zhang 等[28]利用多种气象数据进行水汽收支分析，指出青藏高原东南部增加的水汽未被很好地存储，绝大多数均已流失，贡献降水的水汽不多；Zhang 等[29]利用欧拉水汽追踪模型分析最终在青藏高原形成降水的水汽来源，发现 1979～2016 年来自欧亚大陆和印度次大陆的水汽对青藏高原东南部的贡献减少，更多地向北部贡献降水水汽；另外，虽然南亚季风输送的水汽含量巨大，但是这支水汽向三江源地区汇集需经历"抬升—翻越"过程[30-32]，水汽输入受到极大的地形阻力，同时这支水汽的年际变化较大，而西风带通道的水汽输送变化较为稳定[33]，故南亚孟加拉湾-印度洋通道在气候态下贡献降水的水汽并不如西风带通道的高[34]，而近几十年来自西风带控制区的水汽贡献在减少，尽管南亚季风的水汽输入呈现明显上升趋势，但来自欧亚大陆的水汽贡献减少速度远大于南亚季风水汽贡献增加的速度[35]，整体上在三江源地区贡献降水的水汽来源就显得不足，表现出水汽-降水转化被"抑制"的现象。

显然，三江源地区水汽的输移与降水的转化不会自发地发生变化，其中必然存在有驱动变化发生或与变化相互关联的重大影响因子，对此，诸多学者开展了大量研究。海温信号是影响大尺度气候变化非常关键的外强迫信号[36,37]，而作为全球气候变化的"敏感区"，三江源地区及青藏高原也将感受到来自海温信号异常造成的影响。Gao 等[38]研究表明，厄尔尼诺-南方涛动（El Nino-Southern Oscillation，ENSO）对印度夏季风有着深刻的影响，在不同的厄尔尼诺-南方涛动位相下，青藏高原的水汽来源有显著差异，进而导致夏季降水的变化；任倩等[39]研究表明前期印度洋海温与青藏高原夏季水汽存在密切正相关，前期印度洋关键区的海温异常可以作为青藏高原夏季水汽的预测信号；春季印度洋海温偏高会加强印度夏季风，进而在夏季输送更多水汽，使得夏季降水偏多，反之则偏少；张平等[40]研究发现高原东侧降水异常与印度洋海温异常之间通过环流异常相联系，可将印度洋海温异常视作影响青藏高原降水的重要影响因子。除了厄尔尼诺-南方涛动和印度洋偶极子（Indian Ocean dipole，IOD）这样非常显著的海温信号，近年来也有一些研究分析了北大西洋涛动（North Atlantic oscillation，NAO）与青藏高原夏季降水的联系，刘晓东和侯萍[41]利用青藏高原中东部地区降水资料、高度场及风场资料，讨论了造成高原中东部降水异常的环流特征，指出北大西洋涛动可能是影响高原中东部降水的重要原因之一；早期 Liu 和 Yin[42]从北大西洋涛动影响西风急流的角度解释了北大西洋涛动与青藏高原夏季降水主要空间模态之间存在的联系，后来 Liu 等[43]从遥相关波列的角度解释了北大西洋涛动影响青藏高原夏季降水南北偶极子型分布的机制。

1.2.2　三江源降水变化模拟方法

　　青藏高原上复杂多变的自然环境、下垫面的复杂性和异质性导致该地区数值模拟往往呈现较大误差，准确模拟整个青藏高原的降水仍然是一项长期挑战[44-46]。三江源地区同样也面临着这一困难。许多学者开展了提升这一区域数值模拟效果的相关研究，并挖掘了诸多关键点。研究表明，大多数模式均高估了青藏高原的降水，几乎所有的 CMIP5 模式都高估了青藏高原整体降水气候态的 62%～183%[47]，这种明显的湿偏可能是以下问题的综合结果。

　　（1）数值模式动力学核心相关的问题。降水通常与水汽凝结、潜热释放和云发生等物理过程有关，而这些物理过程的关键驱动之一是水汽的传输，用于描述和模拟这一过程的传输方案必须较好地处理非常不均匀的水汽分布，否则会产生虚假降水，进而导致模拟结果湿偏，尽管已有的传输方案能够刻画平原低海拔地区的大部分场景，但高原地势复杂地区的水汽输送、降水转化与那些区域有极大的差异，如果不做针对性的改进，那么模拟效果将难以提升[46,48]。Yu 等[46]的研究表明，大部分数值模式用于计算水汽传输的半拉格朗日方案会使高原地区降水模拟出现明显湿偏，而利用 Yu 等改进后的有限差分对流方案来替换半拉格朗日方案后的模拟结果使降水模拟均方根误差减少了 6%。Zhang 和 Li[49]在社区大气模型（community atmosphere model，CAM）的水汽平流方程中人为添加了一个水汽散度项，这一改动从根本上改变了 CAM 模拟的水汽再分配规则，对比模拟发现青藏高原地形降水对此改动的敏感性很高，使水汽凝结及湿度饱和模拟结果往"干方向"发展，扭转湿偏模拟现象。Zhou 等[50]的研究表明青藏高原湍流地形形势阻力对风和水汽有明显影响，在天气研究预报（weather research forecast，WRF）模式中引入端流地形拖曳（turbulent orographic form drag，TOFD）后，发现模拟得到的风场和大气环流的昼夜周期与站点观测和 ERA-interim 的结果基本一致，若不使用该方案，则会带来更多纬向水汽输送并导致湿偏，证明原有模式的动力学模拟体系确实存在不足。

　　（2）不合理的参数化方案设置。已有诸多研究结果表明，就同一地区的模拟，不同的时空尺度与参数化方案的组合都会呈现出明显的两极分化，各个参数化方案的尺度敏感性依旧是提升模拟过程中必须要面对的难点。Maussion 等[51]选取青藏高原典型场次进行大量参数敏感性实验，发现不同的微物理过程方案、行星边界层方案和积云对流方案在不同的时间（周至月尺度）、空间（10～30 km）尺度上呈现出极大的差异，不同的组合可能会造成极大的湿偏（76.5 mm/周，10.93 mm/d），较好的模拟组合可以在较大程度上降低湿偏状况（7 mm/周，1 mm/d）；吴遥等[52]发现不同边界位置、行星边界层方案、积云对流方案对青藏高原东南部极端旱涝年降水的模拟有着显著差别，不合理的方案组合导致降水模拟与观测的相关性最差低至 0.1。因此，为获得更好的模拟结果，开展科学合理的参数化敏感性实验进行区域适应性分析是十分必要的。

　　（3）过粗的模拟分辨率。从全球气候大尺度向区域气候模拟尺度的转变，下垫面要素对模拟的影响逐渐显著，过粗的分辨率无法解析区域尺度上地形的变化，而水汽的运输、降水的形成在区域尺度上受地形影响显著，如不进行高分辨率的模拟，这些物理过程的描述可能就不足以代表真实状况。Lin 等[53]分别模拟了 30 km、10 km、2 km 分辨率下的喜马拉雅山中部降水，发现低分辨率的模拟不能充分表征复杂地形上小尺度的陆气耦合过程，导致通过喜马拉雅山脉中部的水汽输送模拟明显偏高，降水模拟结果呈现明显的湿偏；冯蕾和周天军[54]对青藏高原夏季降水的研究表明，使用过低的分辨率会使降水模拟明显湿偏，粗分辨率的模拟误差在 16.74～51.77 mm/月（即 0.54～1.67 mm/d），对应的误差百分比为 18.69%～57.79%，西风水汽输送指数的相关系数在分辨率低于 20 km 时均不超过 0.2，也不能通过 90%显著性检验。除此之外，粗的分辨率同时还导致如下所述的对流解析模拟能力不足。

（4）对流解析模拟能力不足。一直以来，大多数气候模式模拟的分辨率较粗[55]（≥10 km），而在这样的模拟尺度下，诸多重要的影响气候动力的物理过程（如深对流过程）因分辨率过粗而未被很好地表征，只能依赖物理过程参数化建立起粗分辨率到高分辨率的关联来实现对这些物理过程的表征。其中，深对流过程在降水模拟中有着至关重要的影响。然而，对流参数化方案中对流触发的判据相对简单、对流在边界层的夹卷不受约束，同时当前使用的大多数对流参数化方案对于对流从浅到深的发展以及水汽-降水转化的表征等较为粗糙，且具有高度区域敏感性，因此，对流参数化方案被广泛地认为是降水模拟不确定性的重要来源之一[55,56]。对于这一问题，目前广泛认可的是，当数值模式的水平分辨率提升至 4 km 或更精细时，模式即可显式表达深对流过程，从而摆脱模式对于对流参数化方案的依赖，提升地形和下垫面复杂多样区域的气候模拟效果，这类超高水平分辨率的模式统称为对流解析模式（convection-permitting model，CPM）[55,57]。

基于上述研究基础，三江源地区及青藏高原地区的降水转化模拟的研究取得了进一步发展。Li 等[58]研究了对流解析模式对于青藏高原地区夏季降水特性的模拟增值，同时分析了造成传统中尺度模式（mesoscale model，MSM）对于青藏高原夏季降水高估的可能原因，研究表明：两组中尺度模式对于高原夏季降水均呈现出显著的湿偏，两组中尺度模式在青藏高原中东部（即三江源地区）及周边地区降水的最大偏差可达 124 mm/月，且单纯提高模式水平分辨率并不能减少中尺度模式对于高原夏季降水的高估。进一步的分析表明，两组中尺度模式中的对流性降水均呈现出对于对流有效位能不真实的准线性响应，进而产生的虚假午后降水峰值导致了两组中尺度模式对于高原地区夏季降水的高估，或会造成模式对于高原水循环在全球增暖下产生不真实的变化。相对地，对流解析模式剔除了中尺度模式午后虚假的降水峰值，从而显著地改善了中尺度模式对于青藏高原夏季降水的湿偏差。Lv 等[59]评估了天气预报模式在对流解析尺度内（3 km）多个物理过程方案在青藏高原中部降水模拟的敏感性。研究表明：相对于分辨率对照组（15 km），3 km 的降水模拟在空间分布的效果上提高了 57%，不同的方案组合对降水模拟影响显著，空间相关系数分散在 0.37～0.64，标准偏差比分散在 1.14～2.49，相对误差分散在 24.6%～103.5%，在 3 km 模拟中最优模拟组合方案较以往研究有所改进。同时，降水对微物理过程方案最为敏感，其中微物理过程还对累积降水量、昼夜周期、频率和持续时间方面有重大影响；其次是陆面模式，行星边界层方案和积云对流参数化方案在研究区内不敏感。Zhou 等[60]在高亚洲地区精细化分析版本 2（high Asia refined analysis version 2，HARv2）开发团队 Wang 等[61]的模式基础上引入湍流地形阻力方案，实现了整个青藏高原区域的对流解析分辨率（3 km）模拟，与 HARv2 和目前使用最广泛的再分析数据 ERA5 相比，该模拟有效降低了风速和降水的偏差、均方根误差，提高了它们与站点观测的空间相关性；同时，还能直接解析大气深对流过程，避免了由对流参数化方案带来的不确定性，更好地再现降水的日变化峰值出现的时刻，该高分辨率模拟结果为青藏高原复杂山区和缺乏站点观测的中西部地区提供相对可靠的降水数据。

1.3　三江源径流研究相关方法及模式、模型

1.3.1　径流演变规律分析方法

气候变化和不断增强的人类活动，使流域水循环系统和下垫面发生了不同程度的改变，导致流域水文循环和水资源的物理成因发生了显著变化，从而造成径流序列不同程度的变异，导致干旱、洪水等极端水文事件频发，对水资源可持续利用造成影响。研究径流序列的时空演化规律对水资源综合开发利用、科学管理和优化调度具有重要意义。径流序列的时空演化规律可以从周期、趋势和突变规律三方面来分析。目前，国内外水文学者已提出和应用了多种方法：周期分析方面如功率谱分析[62]、Morlet 小波变换[63]、经验模态分解（empirical mode decomposition，EMD）[64]、集合经验模态分解（ensemble empirical mode decomposition，EEMD）[65]等；趋势分析方面如曼-肯德尔（Mann-Kendall，M-K）趋势检验[66-67]、滑动平均法[68]、R/S 分析[69]等；突变分析方面如曼-肯德尔突变检验[70]、Pettitt 突变点检验[71]、滑动 t 检验[72]等。此外。Xie 等[73]利用方差分析、曼-肯德尔趋势检验、有序聚类法和 R/S 分析法，研究黑河流域年径流的周期变化、趋势变化和突变规律。汪峰[74]综合曼-肯德尔趋势检验、Spearman 秩次相关法、累计距平法及小波变换法，研究长江安徽段径流的变化规律。吴子怡等[75]提出了滑动 R 识别法和基于相关系数的水文序列分段趋势识别方法，分别识别及检验澜沧江流域内允景洪站径流序列不同时间尺度的突变规律和洞庭湖三口五站年最大洪峰流量序列的趋势变化规律。

然而，已往的研究常采用单一量化方法探讨气候变化和人类活动对径流变化过程的影响，尚未采用一种方法同时从周期、趋势和突变方面进行分析。极点对称模态分解（extreme-point symmetric mode decomposition，ESMD）方法能够同时从周期、趋势和突变方面对非平稳、非线性的时间序列变化进行分析。利用极点对称模态分解方法同时从周期、趋势、突变三方面研究三江源地区的径流时空演变规律，可以为源区径流预报和水资源管理提供切实可靠的信息。

1.3.2 径流过程模拟方法

径流过程是水循环的重要组成部分，其模拟主要是借助水文模型来实现，水文模型是科学工作者用于描述自然界中复杂的水文循环过程的一种手段和方法，同时也是对自然界中水文循环规律研究和认识的必然结果。水文模型的研究和应用经过了漫长的岁月，随着社会需求的增加，水文模型从早期的黑箱模型发展到具有一定物理意义的物理模型。黑箱模型也被称为经验模型，它不涉及系统内部的物理机制，其参数没有太多的物理意义，而是通过输入输出的同期观测资料进行估计。这类模型的模拟结果有时也是比较令人满意的。因此，被学者广泛地应用于水文预报和水资源管理工作中，黑箱模型起源于 Sherman 在 1932 年提出了单位线的概念与方法，把水文现象中另一个关键词——汇流也用简明的形式表达出来[76]。其他的经验模型如自回归移动平均（autoregressive moving average，ARMA）模型、人工神经网络（artificial neural network，ANN）模型[77]、经验相关模型[78]等。概念性模型用抽象和概化后的方程表达流域的水循环过程，物理基础与经验性共存，模型结构相对简单，但是实用性较强。1960～1980 年是概念性模型发展的高速期，国内外学者均提出著名的概念性水文模型，并被广泛应用于各个地区径流模拟。林三益等[78]将斯坦福流域水文模型、萨克拉门托流域水文模型[79,80]两个概念性模型应用在渠江中河流域，发现在精度上两模型差别不大，但是萨克拉门托流域水文模型结构比前者明确、严密，参数也比斯坦福流域水文模型更少且运算速度更快。赵彦增等[81]在淮河官寨流域应用 HBV 模型[82]，利用 8 年连续资料进行模拟，模型的确定性系数为 0.84，表明模型在该流域的模拟效果较好。关志成等[83]将水箱模型[84]功能进行了扩充，让该模型能够有效应用在我国北方寒冷湿润与半湿润地区。国内学者将 Topmodel 模型[85]应用在黑河干流山区流域，对于该流域的月径流模拟能得到很好的效果[86]。河海大学赵人俊团队在 1973 年提出的新安江模型，并发展改进成为三水源以及其他多水源模型[87]，并广泛地应用在我国湿润与半湿润地区[88]。分布式水文模型是基于 3S 数据和技术，即 RS、GPS、GIS，把流域水循环作为研究对象，考虑水文物理过程的变量、要素等空间变异性的水文数学模型，分布式水文模型所揭示的水文物理过程更接近客观世界，模型的参数具有明确的物理意义，可以通过连续方程和动力方程求解，能够更准确地描述水循环过程，具有很强的适应性。20 世纪 80 年代以后随着计算机的快速发展，分布式水文模型也得到了空前发展，目前主要的分布式水文模型有 SHE 模型、IHDM 模型、TOPKAPI 模型、VIC 模型、SWAT 模型等，且在国内也被学者广泛应用。在灞河流域就利用了 MIKE SHE 模型进行径流模拟，结果表明在该流域，MIKE SHE 模型适用性较好[89]。陶新等[90]在伊河流域应用 TOPKAPI 模型模拟东湾站的流量过程，发现模型模拟流量过程线跟实测流量过程线是基本重合的，因此可以说明该模型在东湾站能取得良好的结果。胡彩虹等[91]将 VIC 模型应用于半干旱与半湿润地区的径流模拟，结果发现越靠近湿润地区，反而是简单模型相比较于复杂模型带来的模拟精度更高。

与上述水文模型相比较，SWAT 模型可以应用在不同地域、不同时间尺度上。其空间输入效率，模型输出显示和模型的运行效率因与 GIS 集成而大大提高，为非点源污染研究、环境变化条件下水文响应研究和扩展管理等提供了强大的平台。目前，SWAT 模型被国内外学者应用在不同地区的径流模拟中，并且能取得较好的效果[92-96]。

1.3.3　全球气候模式及降尺度模型

全球气候模式，又称大气环流模式（general circulation model，GCM），是目前普遍公认的进行气候变化情景预测的唯一有效工具[97]，被广泛运用于天气预报、理解大气运动等方面。目前常用的全球气候模式一般为海气耦合模式，其大气和海洋模块均具有独立的控制方程组[98]。全球气候模式以三维网格的形式划分全球区域：海洋模式下的水平分辨率一般为 1°～3°，垂直分辨率为 20～50 层；大气模式下的水平和垂直分辨率分别为 2°～5° 和 10～30 层。当前全球气候模式是世界气候研究计划（World Climate Research Programme，WCRP）发起的第六次国际耦合模式比较计划（CMIP6）产品，这是历年来参与模式数据最多、设计的科学试验最为完善、所提供的模拟数据最为庞大的一次。目前，已经有不少国内外学者开展了 CMIP6 模式下的相关研究。其中在不同区域比较多种CMIP6 模式的模拟性能得到一些共性的结论，例如 CMIP6 模式普遍存在高估降水的情况，在降水整体趋势上能得到一致的结果[99]；所有模式能很好地抓住降水气温的空间分布特征，且大多数模式能够反映出降水气温的年际变化[100]。将 CMIP6 模式与之前 CMIP5 模式进行对比，降水模拟是要优于 CMIP5 模式的，且温度模拟误差也有一程度的降低[101,102]。在青藏高原地区，将 CMIP6 模式 ScenarioMIP 子计划与水文模型相结合能够有效地预估未来水资源的变化情况[103,104]。

然而，全球气候模式的空间尺度大且分辨率较低，单个网格跨度可达几十甚至几百千米，难以准确预测中小尺度、高分辨率区域气候要素的变化，降尺度则是针对此类问题的最佳解决方式。降尺度方法大体分为动力降尺度法和统计降尺度法两类[105]。

动力降尺度法的原理为大气动力学方程，无须历史实测数据，根据全球气候模式提供的侧边界初始条件即可得到小范围内的区域气候变化信息[106-108]，而由于大气动力学方程的不准确性以及模型本身的局限性，该法继承了全球气候模式的一部分系统误差，进而导致模拟结果与实测情况存在较为明显的偏差，造成高估降水发生概率[109]和低估降水极值等问题。同时，该法计算时对硬件要求较高且耗时极长，因此未被广泛应用。

统计降尺度法首先根据基准期全球气候模式预报因子与实测序列建立统计关系，然后在该关系下利用未来情景的全球气候模式因子预测出未来的气候变化过程[110]，该法相比动力降尺度法而言计算量小且更便捷，容易通过统计降尺度模型（statistical downscaling model，SDSM）或自动统计降尺度（automated statistical downscaling，ASD）模型工具软件实现，能更为迅速地模拟出区域气候变量，因此得到了广泛应用。刘卫林等[111]利用赣江流域 6 个气象站数据和美国国家环境预报中心再分析资料，建立了气候要素的统计降尺度模型，并将模型应用于 CanESM2 模式的 RCP4.5 情景，结果表明赣江流域未来气温与降水均呈增加趋势；Akhter 等[112]利用区域气候模型（regional climate model，RCM）和统计降尺度模型对新西兰卢卡斯流域的 12 种全球气候模式集合平均后的降水进行降尺度处理，并按未来 3 种典型排放浓度（RCP2.6、RCP4.5 和 RCP8.5）输出，结果显示，就基准期实测值而言自动统计降尺度模拟效果优于区域气候模型；而对于未来降水的模拟，自动统计降尺度的降水变化程度更为剧烈；Molina 等[113]基于统计降尺度模型并耦合 4 种全球气候模型预测哥伦比亚东部四个代表性地区的未来气温和相对湿度，发现四个研究区在各全球气候模型和排放情景下，未来气温均呈升高态势，而相对湿度均呈下降趋势。

然而，已有的研究表明，通过动力降尺度的方式并不能有效地降低全球气候模式和与之对应的区域气候模式在输出变量上的偏差，这与统计降尺度存在相同的问题，但统计降尺度法相较于动力降尺度法而言计算量较小，便捷，更易于操作。

气候变化导致干旱、洪涝、水土流失等一系列水安全问题的发生，严重影响人类生存和发展。如能预测气候变化背景下水资源的变化过程，则可为决策管理部门进行防洪减灾及水资源合理配置利用等提供有利的科学依据，而其中最为常用的方式就是将气候模式降尺度输出结果与水文模型相耦合，从而实现预测未来径流变化。目前，这一方面的研究已经较为成熟，由于降尺度模型和水文模型的多样化、适用性不同，往往会得到多种多样的耦合模型。例如统计降尺度模型耦合 HSPF[114]、LARS-WG 天气发生器与 SWAT 模型耦合[115]、统计降尺度模型与分布式水文模型耦合[116]抑或是多种降尺度方法与多种水文模型的组合方式[117-118]，均能实现对未来的径流变化的预测。在已有的降尺度-水文模型耦合的案例中，大多采用统计降尺度模型与其他水文模型耦合，抑或是将其他水文模型与自动统计降尺度耦合，极少有研究综合考虑自动统计降尺度模型与 SWAT 模型的优势，将两者耦合在一起，并将其运用在三江源地区未来的气候情景下的径流模拟中。

1.4　水资源生态环境价值研究进展

1.4.1　水资源利用对生态环境影响

近年来，随着地区经济的发展及人口的增加，使得对可利用水资源量的需求日益增加，可利用水资源的不足和利用效率低下成为黄河源区生态恢复及经济发展中所面临的迫切问题[119]。我国河源地区是典型的生态脆弱区，因城镇化的发展及气候变化因素使得该地区的空气湿度降低，从而导致降雨量减少，致使水资源分配不足[120]。在河源地区，水资源既是造成土壤侵蚀的原动力，又是解决区域水资源短缺问题的核心，具有较明显的二重属性[121]。抑制或改善降雨径流的土壤侵蚀能力，充分挖掘降雨资源化潜力，扬长避短，是解决区域水资源短缺问题的有效途径。利用以空中水资源和调节地表径流为主的水资源高效利用工程，近些年来受到广泛关注，并在部分地区取得了较为可观的生态效益，表现出了地区水资源在利用效率方面提升的巨大潜力。实践证明，提升水资源的利用效率及对空中水资源进行开发利用，从而提升可利用水资源总量可以很好解决群众生活用水问题，提高陆地植被状况。

魏俊彪等[122]归纳出黄河流域水资源利用给生态环境带来的诸多问题，如对区域水资源的过度开发及利用，导致河流断流、水质污染和生态环境退化等，对地区生态环境造成了重大的影响。Halik 等[123]通过对 2003～2007 年水资源利用，对绿洲生态环境的影响进行分析，得出还可以进一步对水资源进行开发的结论。陈敏等[124]集中探讨了中国西北地区因水资源开发利用所产生的生态环境变化影响。鲍超和方创琳[125]从水资源的转化关系及地区生态环境用水、经济发展用水的角度出发，基于水量、水热平衡原理较为详细地探讨了由部分地区的水资源过度开发利用所导致的生态环境恶化问题。李柏山[126]探讨了因水电梯级开发所产生的水华现象对汉江流域的生态系统影响，并对此进行生态环境影响评价。Hossain 和 Patra[127]通过地质统计学建模在部分地区分析地下水资源对当地生态环境健康风险的评价，证实地下水资源对当地的生态环境的健康状态有着显著影响。朱冰冰等[128]探讨了植被覆盖度与地表水资源量之间的关系，研究发现，当植被覆盖度小于 60%，该研究区域的地表水资源量与植被覆盖之间为负相关关系，而当植被覆盖度大于 80%，表明该地区的植被覆盖的继续增长对地表水资源量的影响较小。夏振尧等[129]通过实验发现，区域植被覆盖度的提升可以在一定程度上防止水土流失现象的发生，且不同植被类型所产生的影响不同。李龙等[130]通过实验发现，随着降雨量的增加，植被覆盖度也产生了一定程度上的增加，而植被覆盖度的增加使得该地区的产沙量随之减少。Anderson 等[131]研究了区域气候变化及土地覆盖的改变对当地生物多样性所产生的影响。

研究进展表明，早期的水资源利用工程对生态环境的影响评价多以定性描述为主，随着生态环境效应评价研究的深入，许多学者尝试将研究方向由以定性描述为主的评价方法逐步转移到以定量描述为主。经过多年的研究，水资源对生态环境效应评价的评价理论及模型方法等方面都取得了较为明显的进步。

1.4.2　水资源生态环境价值评价

水资源利用的生态环境效应评价指标体系构建是区域生态环境评价研究中的核心问题，对区域的生态环境状况研究结果的准确程度有着直接影响。区域生态环境的影响因素复杂，构建生态环境效应评价的指标也需要因地制宜[132]。生态环境效应评价指标体系的构建一般使用定量与定性方法相结合的方式进行[133]。通过文献阅读，借鉴相关研究区的一些成熟指标体系，构建初步的评价指标集。通过一定的数学方法，如文献检索法，确定以往研究中出现的较高频次指标；灰色关联法在初设评价指标的基础上去除一些不太重要的指标；其他如变差系数法、相关系数法等，均可以对初步指标集进行优化筛选，得到独立性较高、综合性较强的关键指标。定性分析是从评价对象的角度出发，通过结合研究区域的实际情况，根据成因关系或专家咨询的方式获取关键指标，进而构建评价指标体系。

在区域生态环境影响评价指标体系构建的研究发展中，周华荣[134]通过考虑新疆地区的景观格局及生态系统方面，建立包含农业、工业及生态环境等方面以地区自然条件作为基础并考虑人类活动对当地生态影响的评价指标体系。刘振波等[135]在对西北内陆区绿洲生态系统特点进行分析的基础上，基于"压力-状态-响应"模型，构建了城市绿洲的生态环境状况综合评价指标体系。王薇等[136]结合黄河三角洲的实际情况，构建了湿地生态环境健康评价指标体系。郭潇等[137]在综合考虑了跨流域调水地区的生态环境特征的基础上，构建了跨流域调水生态环境评价指标体系。

张峰和李珍存[138]选取温度、降雨量、自然灾害、土壤侵蚀量、植被覆盖等自然因素和人口自然增长率、人口数量、工业化程度、耕垦指数等人为影响因素作为生态环境质量评价指标，使用 RS 和 GIS 软件对陕西省榆林地区 20 年来土地利用、土地覆盖变化和生态环境质量进行评价分析。张泽中等[139]在分析有关河流生态环境效应评价研究的基础上，从水文、水环境及生物状况的角度，构建了北运河河流生态环境效益综合评价指标体系。王根绪等[140]基于流域的生态环境及经济社会发展特征，构建生态与经济两个体系相结合的综合评价指标体系，并采用层次分析法与景观生态学法相结合的方法对该流域进行评价。

Alberti[141]分别构建了森林、草地、水体生态系统的生态评价指标体系，并对不同的评价体系选取相应的不同评价指标。Vries 等[142]利用物种敏感性分布对 CO_2 水平升高进行海洋生态风险评估。Waltner 等[143]通过考虑生态系统的运作过程来确定评价指标，特别是受到干扰后的恢复能力，并对农业的可持续发展进行深入研究。Fuchs 等[144]基于系统可持续能力的角度，提出使用弹性、活力与组织来综合评价生态环境系统的状态。舒远琴等[145]考虑生态特征、功能整合、社会与政治等多个方面，对梯田湿地生态系统的健康状态进行评价。Simboura 和 Reizopoulo[146]提出用生物指数 Bentix，根据大型底栖无脊椎动物的质量要素，对地中海东部两个海洋沿海地区的生态质量状况进行了评估。Aylagas 等[147]利用基因组方法协助生物多样性评估，DNA 编码可以同时快速、低成本地对数百个样本进行分类。

廖玉静等[148]从三江平原湿地实际情况出发，通过湿地生态环境、湿地服务功能、人类社会影响三个方面，构建稳定性评价指标体系并对生态系统健康状况进行评价。张延飞等[149]基于粗糙集理论、融合信息熵、突变级数理论，构建了鄱阳湖域生态经济系统状态评价体系并对其区划。方林等[150]综合采用空间相关、热点分析和地理探测方法探讨长三角生态系统服务价值时空分异特征及其驱动因素。

研究进展表明，生态环境效应评价的发展已经由最初的单因子指标评价向着多因子指标综合评价方向发展。国外的研究多从全球变化尺度与物种及土地分布角度，多利用生态学原理，提出多种生态评价指标体系；国内关于生态环境评价指标体系方面的研究大多结合研究区域的生态环境具体特征，从而建立具有研究区特征的评价指标体系，具有一定的地域性特征。

生态环境系统是一个十分复杂的系统，因此有许多学者对该方面问题进行研究。在评价方法上，王治和等[151]提出基于可拓云模型的区域生态安全预警模型，将可拓学中物元理论与云模型的不确定性特征结合起来,对祁连山生态功能区的生态安全进行评估。付博等[152]对扎龙湿地生态脆弱性使用 BP 神经网络进行评价，得到了研究区域的生态脆弱性指数值，将研究区生态环境定量化地表示出来。邵波和陈兴鹏[153]构建了甘肃省的综合生态环境质量评价指标体系，并采用层次分析法对其进行分析研究。周维博和李佩成[154]构建了干旱半干旱地域灌区水资源综合效益评价体系，并以陕西省宝鸡峡灌区为例，利用所建模型进行了综合评价。贺三维等[155]采用云模型与模糊数学对评价指标体系进行对比评价，得出结果差异较小。付爱红等[156]采用模糊数学对塔里木河流域生态健康状况进行评价。李如忠[157]在物元分析理论的基础上，结合模糊集合与欧氏贴近度概念建立生态环境质量模型，并运用于巢湖流域，证明方法具有可行性。潘竟虎和冯兆东[158]采用物元可拓模型及熵权法构建黑河中游生态环境评价模型，并对其生态脆弱性进行评价。

Bunn 等[159]从环境价值方面的健康状况来监测河流生态系统健康，并对其提供建设性意见。Mariano 等[160]以巴西东北地区为研究对象，研究气候与人类活动对生态环境的影响。张杨等[161]以湖北省为研究对象，采用云模型的方法对该地区的土地安全状况进行评价。Sajadian 等[162]运用层次分析法量化有机农业指标，以确定每个指标的相对重要性。李朝霞和牛文娟[163]采用模糊综合评价模型对西藏自治区尼洋河流域梯级水电的开发进行生态环境效应评价。裴厦等[164]指出水库的梯级建设对河流生态系统服务的影响具有空间和时间上的累积作用，既有正面效应，也有负面效应。巴亚东[165]依据蓄滞洪区的工程建设特点，构建了区域生态环境影响评价指标体系，将蓄滞洪区建设工程对区域生物多样性所产生的影响做出定量评价。

研究进展表明，国内外学者都已对生态环境的评价模型与方法问题开展了大量研究，评价方法多为 BP 神经网络法[166]、模糊综合评价法[167]、系统动力学法[168]等，BP 神经网络法在实施过程中容易出现与实际结果不符合的问题。模糊综合评价法在计算过程中，评价指标所对应的隶属度及权重确定的过程中较易受主观性的影响。系统动力学法针对相同的问题，可以构建出不同的模型，并且计算出的研究结果差异比较大。

1.5　水资源社会经济价值研究进展

1.5.1　水资源社会经济价值内涵

国外专家学者对水资源社会经济价值（简称水资源价值）的研究相对较早，主要针对水资源对社会经济的影响和相关的定价措施。20 世纪 80 年代以后，研究学者开始对自然资源的价值评估手段做出了一些改进，尝试加入新的学科和计算方法，运用横向和创造性思维解决水资源价值问题，取得了一定的进步，正是在此背景下水资源价值的研究逐步展开。

20 世纪 70 年代，国外开展了对水资源价值的讨论，结果显示，水资源价值是社会在既定的时间和地点条件下，购买一定量的水所需要支付的最大费用，或者是采用机会成本的研究方法，探讨水资源交易过程中持有者所能接受的最低单位售价是多少[169]。1976 年，

Taylor 和 North[170]提出要在水资源收益评估时将收益成本的确定性和不确定性统一考虑。20世纪80年代后,有关水资源价值的理论研究也得到很大的提升。1984年,Fakhraei[171]研究了在随机供水情况下价格稳定性和水量配给规律。1986年,Brookshire等[172]探讨了存在价值的定义问题和概念框架,分析存在价值可能有两个组成部分:①与效用最大化行为相一致的经济部分;②与规范性的利益成本假设不符的道德部分。同时还探讨了如何在效用最大化框架内适当地包括对存在价值的度量的问题,产生了困难的概念性问题,建议将生存价值纳入水资源价值的研究中。1987年,Pearce[173]指出需要重视自然资源对土地和水管理的影响,从过往对自然资源的理论研究中进一步细化出水资源管理这一分支,明晰过度使用自然资源将导致未来能源的严重不足,尤其对发展中国家来说这更是一项艰巨的任务。同期,Efthymoglou[174]将计量经济学和动态规划分析中的最优利用结合水资源价值用于推导发电用水资源的最优运行规则,得出短期边际成本和水价。讨论这些因素对有效定价的影响,从成本的角度考虑水资源价值。1989年,Moncur[175]分析当遇到干旱情况时,市政水务公司通常会实施临时用水限制计划,以实现节约用水的目标。但是,如果水具有足够的价格弹性,那么可以通过征收干旱附加费并允许用户自愿进行调整来避免相关问题的限制,通过对夏威夷檀香山水的价格弹性的研究表明,干旱附加费将诱发对水资源的保护。20世纪90年代,越来越多的研究从经济杠杆和水权的角度去分析水资源价值。1990年,Brajer 和 Martin[176]从社会和法律角度考虑水权价值,将法律上的矛盾以及含糊不清的问题进行定义和分配,进一步丰富了水资源的价值内涵。1995年,Kundzewicz 和 Zbigniew[177]通过评估模糊集理论在水文学和水资源管理领域中是否具有适用性,得出成员函数的确定以及对这些函数的运算结果的解释至关重要。同时他们以水资源分配问题为例,讨论了模糊集方法相对于其他技术的优点。尽管模糊集方法在决策环境中的优势并不总是那么显著,但是这些方法在水文学和水资源管理中的各种诊断和分类问题中优先级很高。在资源的选择使用和控制备选方案时必须考虑物理、经济、社会和环境因素,着重考虑由于控制供水的自然过程(降水、水流等)的随机性、管理目标和评估标准的不确定性,导致的未来所有需求预测的不确定性,这些成果都进一步推动了水资源价值理论的研究。

进入21世纪,有关水资源价值的研究也进入了一个新的阶段,无论是理论研究还是实践应用都取得了长足进步,不同领域的专家相互合作使得研究方向也逐渐从单一走向了多元化。2002年,Johansson等[178]通过对澳大利亚、巴西等相关国家水价改革的总结回顾,说明了这些措施由此带来的巨大影响,并对其中的成功或失败进行了详细的记录。2002年,印度发生水资源危机,优化模型和投入产出模型得以应用。通过对水资源调配进行了细致的研究,水资源价值实现了从低向高的转变。2003年,Phuong 和 Gopalakrishnan[179]通过湄公河三角洲的案例研究,确定了权变估值法的理论框架,并提出了其在农村水资源估值中的经验应用。2004年,全球从事水利的研究人员呼吁管理者在进行水利规划与决策时,应当统筹考虑社会、经济、生态环境等多面的目标需求,努力实现水资源的综合可持续发展。2009年,Masota[180]将水贫困指数(water poverty index)引入到水资源的评估中,并分析了资源、使用、访问、容量和环境等因素对其产生的影响,确定影响程度的大小,及早地进行相关水资源管理的干预,增大地区的水资源价值。2011 年,Davies 和 Simonovic[181] 采用的基于系统动力学的综合评估模型 ANEMI 通过明确的非线性反馈实现水资源与社会经济和环境变化之间的联系,同时使用 ANEMI 进行的仿真可以深入了解水资源与社会经济和环境变化之间联系的性质和结构。2013 年,Miller 等[182] 将离散化方法、非线性和线性代数求解方法应用到水资源价值的计算过程中,并构建了与之对应的数学模型,为水资源价值的定量计算提供了建模的思路。2016 年,Dijk 等[183] 使用享乐主义价格模型对瑞士的水资源进行估价,通过对住房市场的分析得出其相对应地区的水资源价值。

20 世纪 80 年代主要围绕价值的内涵和水资源的价格展开分析与讨论。水资源价值研究在资源核算研究的带动下得到迅速发展[184]。1988 年《中华人民共和国水法》通过后,学术界对有关"水资源费"展开了广泛的讨论,为后续研究提供了参考。20 世纪 90 年代以后,我国水资源价值的相关研究得到极大的发展,在理论层面,胡昌暖等[185] 依据马克思地租论的原理探析资源价格的本质,得出地租的经济学表达就是资源价格,分析了有关资源价格的形成机制、种类和实现要素。王彦[186] 则提出不能简单地使用地租论的公式来进行价格计算,必须考虑到各类资源之间具有不同的属性,他将其划为耗竭性、稳定性和流动性三大类,并应用不同公式进行相关计算。黄贤金[187] 提出了有关自然资源的二元价值论和稀缺价格理论,并指出影子价格是目前较为成熟的价格评估方法。张志乐[188] 研究发现资源价格和富有资本价值的地租具有等同性,地租理论可以作为进行价格计算的理论基础使用,考虑到实际应用中的困难需要进行间接计算。1995 年,姜文来和王华东[189] 指出水资源的构成要素主要有自然、社会、经济,并提出了相应的评价模型。姜文来等[190] 从经济学角度探讨水资源的内涵,研究水资源的正、负与其耦合价值,提出相应的水资源耦合价值模型。1998 年,沈大军等[191] 通过对地租论、边际效用价值论、劳动价值论和存在价值论等进行对比研究,提出了水资源价值主要表现在其稀缺性、资源产权、劳动价值三个方面。

进入 21 世纪,水资源价值的研究进入一个新的阶段,虽然尚未形成完整的理论体系,但随着水资源危机的不断加剧,相关应用研究不断涌现。2000 年,贾绍凤和康德勇[192] 通过在华北地区展开水价提升对水资源需求的影响研究,将农业、工业和生活用水价格大幅提升,水资源需求量减少了 25%~50%。2002 年,王浩等[193] 提出应当在现有计算方法的基础上结合经济学的价值计算方法,对水资源价值开展集中研究,一定程度上解决水资源资产评估的问题。同期,辛长爽和金锐[194] 经过研究认为只有适当的价格才能更好地推进水资源的可持续发展。2003 年,毛春梅和袁汝华[195] 为了实现水资源高效利用的目的,运用经济学中经济杠杆的调节作用,以水资源价值理论为研究基础,考虑水资源的优化配置,将经济效益最大化作为研究目标,从黄河流域全局出发,采用影子价格理论构建优化分配模型,实现理论和方法的拓展,为后续水资源费的征收提供支撑。2005 年,朱九龙等[196] 以流域用水净价值最大为目标函数,采用线性规划模型估算了 2000 年淮河流域 5 个河段不同部门的水资源理论价值。2013 年,秦长海[197] 依据供需平衡关系,提出均衡价格模型来进行水资源价值的计算,进一步丰富了价值计算的途径。2019 年,吴泽宁等[198] 通过能值理论计算了黄河流域农业系统水资源价值空间分布特征及其主要影响因素，结果显示流域中下游价值较高，以价值引导水资源分配，增加流域中下游农业用水有助于提高流域整体水资源农业生产价值。

1.5.2 水资源社会经济价值评价

目前国内外常用的水资源社会经济价值研究方法有可计算一般均衡模型[199]、影子价格[200]、边际机会成本法[201]、输入输出模型[202]、生产函数/边际生产率[203]、残值法[204]、价值分摊系数法[205]、能值法[206]、模糊数学[207]等。其中输入输出模型是指通过水利经济投入-占用-产出表，并将投入产出分析方法与线性规划方法相结合，建立对需求、总产出和贸易有限制的线性规划模型，最后估算出影子价格与实际价格相比较，本质上也是利用影子价格进行价值评估。这里主要介绍可计算一般均衡模型、影子价格、模糊数学、能值法和边际机会成本法这 5 大类。

1. 可计算一般均衡模型

可计算一般均衡（computable general equilibrium，CGE）模型起源于 20 世纪末期，Leif Johansen 建立了第一个真正意义上的可计算一般均衡模型即 MSG 模型，主要是通过对数值进行模拟分析，决定资源如何进行配置和收入的合理分配[208]。伴随着对经济形势的分析不断加深，创新思维方式不断涌现，外加计算机技术的不断应用，可计算一般均衡模型也在不断随着时代加以创新和发展，在水资源研究方面得到越来越广泛的实践。可计算一般均衡模型能够将某一地区的生产和消费情况在均衡条件下进行输出，有益于商品价格的计算[209]。2003 年，王浩等[210]运用可计算一般均衡模型核算了邯郸市工业、农业水价，并分析了供水量变化对部门产出的影响。王克强等[211]采用多区域可计算一般均衡模型对中国多区域农业用水效率和水资源税政策的影响进行模拟评估。Dudu 和 Chumi[212]研究了灌溉业与其他行业之间的联系，建立了水管理可计算一般均衡模型，在只考虑灌溉行业的情况下，分析了有关灌溉用水方面的政策措施对社会经济产生的直接与间接影响。

2. 影子价格

影子价格（shadow price），又称为最优计划价格。它是根据一定的准则确立出来的，能够翔实地刻画出投入和产出的价值大小，反映市场行情，显示稀缺情况，让我们能够合理配置资源并制定适当的价格。影子价格的获取途径多种多样，大体上有以下几类：①将需要配置的资源转化为线性规划问题，转而求解线性规划方程得出影子价格；②依据当前国内市场价格作相应的变化，把严重不符合实际情况的价格删除掉，得出的价格即为影子价格；③以国际市场价格作为某些商品的影子价格也较为贴切；④通过机会成本法计算，但此法需要所有者放弃某项用途外的其他所有用途，很难做到全面估计，不能对水资源本身的价值做到全面体现。朱启林等[213]通过价值分摊法计算出了北京市农业、工业和生活用水的净价值参数，以此建立了水资源优化配置的线性规划模型，得到相应的影子价格为 12.9 元/m³，为后续制定科学的方案提供了技术支撑。秦长海等[214]通过对海河流域的水价探析得到该地区原水影子价格为 1.5 元/m³，自来水影子价格为 8.9 元/m³，都高于现行价格，由此说明水价仍有一定的提升空间，为实行严格的水资源管理措施、提高水资源价值提供了一定的理论依据。

3. 模糊数学

模糊数学这一方法也是我国学者对水资源价值研究使用最为广泛的方法。对水资源系统来说，它是一个复杂的系统，是在自然、社会、经济三个系统的相互作用、相互耦合及影响下构成的。使用经典数学模型很难对其有准确的判断，同时影响水资源价值的因素也是多种多样的，各个因素之间不是单一产生，它们相互关联，共同决定价值量的多少。苗慧英和杨志娟[215]通过构建水资源价值综合评价模型，计算相关指标权重，最后得出石家庄市的水资源价值处于中等水平，仍有一定的上升空间。李怀恩等[216]基于模糊数学法的水资源价值核算方法，并将水质因素纳入生态补偿量的计算模型中，计算结果表明，汉中、安康和商洛的水资源价值区别不大，具体为 1.21 元/m³、1.21 元/m³ 和 1.13 元/m³。

4. 能值法

能值分析理论和方法是美国著名生态学家、系统能量分析先驱 H.T. Odum 为首于 20 世纪 80 年代创立的[217]。能值是一个新的科学概念和度量标准，定义为"一种流动或者存储的能量中所包含的另一种形式能量的数量"，或者是"产品和劳务形成过程中直接和间接投入应用的一种效能的数量"，其实质是包含能量或者体现能。收集整理研究对象的有关能量流、物质流和货币流的原始资料数据，并加以区分归类，然后计算其能值。能值法在 2000 年由蓝盛芳等[218]引入中国，并由此发展起来。吴泽宁等[198]通过能值理论与方法构建了相应的模型，研究了在农业系统内水资源价值空间分布特征和主要影响因素，计算结果表明农业系统水资源价值在 4.01~6.10 元/m³，流域中下游水资源价值较高。

5. 边际机会成本法

边际成本是从经济学角度对水资源的利用加以抽象和计量，涵盖了生产者获得水资源所花费的成本以及得到的与此对应的报酬。我国学者武亚军[219]于 1999 年根据原有的水资源边际成本定价模型，考虑到在供水工程建设过程中投入相对比较大、建设周期较长且定价不合理等问题，构建新的定价模型。

通过对上述方法进行对比分析得出以下结论：①可计算一般均衡模型虽然可以在区域经济均衡条件下得到商品价格，但此模型所需的数据量过大，主要有投入产出系数、劳动力分配情况、投资情况、消费情况、政府和民众的分配情况、弹性系数等部分，它们在实际应用中过于繁杂；②影子价格与常规意义上的生产价格、市场价格存在一定差异，它只能够对稀缺情况和水资源与全部社会经济价值之间的关系做出说明，无法对水资源本身的价值进行替代，虽说从理论上可以通过线性规划来求解，但是实际应用中存在一定的难度；③模糊数学模型虽然能够很方便地用于实践中去，并且能够把一系列问题进行较为全面的考虑，过程相对较为灵活，正因为可以全面考虑所以模糊数学模型需要考虑的因素较多并且指标权重的确定方法不一，由此会带来计算结果的不确定性；④在进行能值转化率计算时，虽然给出了计算方法但是没有考虑水体内部各成分之间的转化情况，只是单纯地做独立变量考虑，并没有做细致的分类处理，各部分之间存在一定的重复情况，同时还需引入多学科知识进行综合分析；⑤边际机会成本法创新性地将自然资源与生态环境结合起来，但在进行价值核算应用时较为困难，没有相对性，同时它只做到了对水资源量的考虑却没有考虑到水质对价值的影响，研究较为片面。

相比于以上方法，模糊物元分析法是一种注重应用的方法，它既能处理不相容问题的定性部分，又可以描述事物所反映的变化规律，分析定量问题，能更加深刻地反映事物的本质；能值理论对经济价值评估方面，能够给出确定性的价值核算数据，得到具有实用价值的参考数据，因此本小节拟采用模糊物元理论和能值理论相结合的方法进行降水挖潜水资源经济价值评估。

1.6 本章小结

本章主要介绍了三江源地区水资源现状，围绕降水、径流演变规律及模拟方法，以及水资源生态环境价值与社会经济价值等，分析国内外研究进展。三江源地区水资源包括河流、湿地和冰川等地表水资源和丰富的地下水资源。三江源地区水系众多，包括长江源、黄河源、澜沧江源三条大河的源头流域和羌塘高原内流湖区、柴达木盆地、青海湖水系等。

受全球变暖影响，青藏高原经历了变暖和增湿的过程，三江源地区的降水也发生显著的变化。21 世纪以来，水汽含量的增速远远大于降水的增速，在部分时段呈现出水分收支异常的气象干旱现象。诸多学者针对该问题进行了深入研究，试图从水汽再循环、季风环流、水汽来源等方面解释这一变化的原因，并分析了厄尔尼诺-南方涛动、印度洋偶极子、北大西洋涛动等海温信号对这一现象的影响。

径流序列的时空演化规律主要从周期、趋势和突变规律三方面来分析。径流过程模拟主要是借助水文模型来实现。随着社会需求的增加，科学工作者已经开发出众多的水文模型。其中 SWAT 模型可以应用在不同地域、不同时间尺度上。目前，被国内外学者应用在不同地区的径流模拟中，并且能够取得较好的效果。

随着生态环境效应评价研究的深入，许多学者尝试将研究方向由以定性描述为主的评价方法逐步转移到以定量描述为主。评价目标从单目标、单因子指标到多目标、多因子指标方面发展。评价内容从单个指标到多个指标的综合评估，评价方法也从单一评价到多种评价方法的优化耦合，从而使得评价结果更具有准确性与科学性。

国外专家学者对水资源社会经济价值的研究相对较早。在国外很早就有对水资源社会经济价值的研究，而我国从 20 世纪 90 年代以后才开始快速发展。本章介绍了常用的可计算一般均衡模型、影子价格、模糊数学、能值法和边际机会成本法五大类，并分析了各自的优缺点。

第 $\mathcal{2}$ 章

三江源水汽-降水转化关系的时空
变化特征

2.1 基于 ERA5 再分析数据的水汽-降水转化关系分析方法

2.1.1 ERA5 再分析数据

使用欧洲中期天气预报中心（European Centre for Medium-Range Weather Forecasts，ECMWF）提供的 ERA5 全球月平均再分析数据进行水汽-降水转化关系的时空基本变化特征分析。ERA5 是欧洲中期天气预报中心针对过去 40 余年（1979 至今）至 70 余年（1950 至今）的第五代最新的全球大气再分析数据集。ERA5 是使用欧洲中期天气预报中心的综合预报系统 CY41R2 中的 4D-Var 数据同化产生的，拥有 37 个垂直层，顶层气压值为 0.01 hPa，全球空间水平分辨率为 0.25°，时间分辨率为 1 h。ERA5 在继承前一版本数据集 ERA-interim 全部优点的同时，同化了更多源的观测卫星数据，拥有比 ERA-interim 更高的时空分辨率，更好的全球降水平衡和蒸发平衡，更好的土壤湿度，更一致的海温和海冰，并提高了对流层数据以及深热带地区陆地降水的质量。目前 ERA5 数据集包含诸多系列产品，例如可用于驱动区域气候模式的逐小时气压层数据[①]（hourly data on pressure level）和逐小时单层数据[②]（hourly data on single level），可用于进行气候学分析的月平均气压层数据（monthly averaged data on pressure level）和月平均单层数据（monthly averaged data on single level）。本章主要采用如表 2.1 所示的 ERA5 月平均数据进行分析，数据可从哥白尼气候服务中心获取。

表 2.1 分析水汽-降水转化关系时空变化特征的 ERA5 月平均数据

变量名	变量类型	时间范围	空间范围	空间分辨率/（°）
比湿	气压层数据			
风场	气压层数据	1979~2016 年	全球	0.25
地面气压	单层数据			
降水	单层数据			

由于所用的 ERA5 再分析数据为全球范围的月平均数据，以下在进行年尺度、季节尺度的分析时，只选择研究区范围内的数据进行计算，并已经全部将月平均值转化为月总量，再累加为季节总量、年总量，最后求年平均和季节平均。以下所提及的季节中，春季为 3~5 月，夏季为 6~8 月，秋季为 9~11 月，冬季为 12 月至次年 2 月。为方便表

[①] https://cds.climate.copernicus.eu/cdsapp#!/dataset/reanalysis-era5-pressure-levels-monthly-means?tab=overview（2020-12-5）[2020-12-5]。

[②] https://cds.climate.copernicus.eu/cdsapp#!/dataset/reanalysis-era5-single-levels-monthly-means?tab=overview（2020-12-5）[2020-12-5]。

示，若不附加说明，本章所提及的气候态均指 1979~2016 年的气候平均态。

与以往研究不同的是，本章用于进行水汽-降水转化关系的降水数据不来自地面观测站点数据或其他已发布的降水融合产品，而是使用与水汽数据同源的 ERA5 再分析降水数据。尽管 ERA5 同化了大量卫星和观测数据，质量控制效果良好，但仍需要了解其在具体研究区上的适用性。因此，为保证研究结果的可靠性，在进行本章工作之前，有必要先对 ERA5 再分析数据在三江源地区的表现力进行基本验证。

用于进行验证的观测数据采用中国科学院青藏高原研究所联合清华大学研发、由国家青藏高原科学数据中心提供的中国区域地面气象要素驱动数据集（China meteorological forcing dataset，CMFD）中的降水数据。CMFD 是第一个专门为研究中国地表过程而开发的高时空分辨率的近地表气象数据集，该数据集是以国际上现有的普林斯顿（Princeton）再分析资料、全球陆地数据同化系统（global land data assimilation system，GLDAS）资料、全球长期地表辐射收支（global energy and water exchanges-surface radiation budget，GEWEX-SRB）资料，以及热带降雨测量卫星（tropical rainfall measuring mission，TRMM）降水资料为背景场，融合了中国气象局常规气象观测数据制作而成。它的记录开始于 1979 年 1 月，并且持续到 2018 年 12 月，其时间分辨率为 3 h，空间分辨率为 0.1°。CMFD 提供了 7 个近地表气象要素，包括 2 m 气温、表面压力和比湿、10 m 风场、向下短波辐射和长波辐射以及降水率。开发团队对在独立站点上观测到的观测值的验证表明，CMFD 的质量要优于中国目前现有的地面观测数据，能够更真实地反映出青藏高原特殊地形上的近地面要素原始场；不仅如此，CMFD 的质量控制也在我国不同地区的不同研究中得到了有效验证。由于其持续的时间覆盖和稳定的质量，CMFD 是中国使用最广泛的气候数据集之一。CMFD 可从国家青藏高原科学数据中心直接获取[①]。

本章的重点在于分析水汽-降水转化关系在长时间、大尺度上主要的变化特征，故 ERA5 再分析降水数据的时间演变趋势与观测之间的一致性将直接影响后续研究分析结果的可靠性。为此，对照 CMFD，分别从年序列、月序列对 ERA5 在三江源地区的表现力进行验证。

年序列表现力验证结果如图 2.1 所示，月序列表现力验证结果如图 2.2 所示。可以看到，无论是年序列还是月序列，ERA5 都显著高估了三江源地区的降水，但是 ERA5 年、月的时间演变特征与 CMFD 有着很高的一致性，年序列上都表现出增加的趋势，月序列的拟合优度 R^2 达到 0.959，解释程度很高，表明 ERA5 能够很好地再现三江源地区降水在长时间、大尺度上的主要演变特征。这与 Gao 等[220]在青藏高原验证 ERA5 长时间年际、季节的表现力是一致的，即 ERA5 显著高估了青藏高原地区的降水，在总体演变趋势上 ERA5 与观测具有很高的一致性。由此表明，ERA5 能够抓住三江源地区降水的主要演变趋势，用来分析水汽-降水转化关系的主要变化特征是可靠的。

---

① https://data.tpdc.ac.cn/zh-hans/data/8028b944-daaa-4511-8769-965612652c49/?q=（2020-12-11）[2020-12-11]。

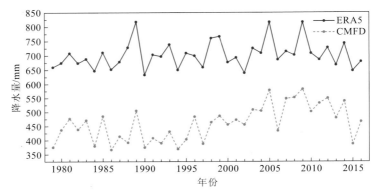

图 2.1   1979～2016 年 ERA5 再分析降水年序列在三江源地区的表现力

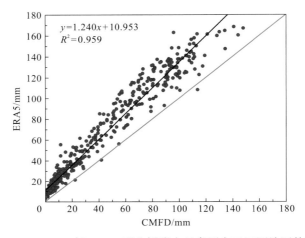

图 2.2   1979～2016 年 ERA5 再分析降水月序列在三江源地区的表现力

2.1.2   水汽-降水转化关系分析方法

    水汽-降水转化关系实质上表征的就是水汽含量和降水之间的转化关系,水汽含量通常用大气可降水量（precipitable water）表示,是指从地面到大气顶层的单位截面大气柱中所含水汽总量全部凝结并降落到地面可以产生的降水量,它同时也代表了空中所含的水资源量[221]。根据《空中水汽资源计算方法》（GB/T 35573—2017）[222],某一点的整层大气可降水量的计算方法为

$$PW = \frac{1}{10\rho g}\int_{p_0}^{p_{top}} q(p)\,\mathrm{d}p \qquad (2.1)$$

式中:PW 为大气可降水量,mm;ρ 为液态水密度,取 1 g/cm^3;g 为重力加速度,取 9.81 m/s^2;p 为计算层气压,hPa;p_0 为地面气压,hPa;p_{top} 为计算最高层的气压,hPa;$q(p)$为计算层比湿,g/kg。

    由于 200 hPa 以上的空中水汽含量非常稀薄,所以只计算 200 hPa 以下的大气可降水量（积分上限 p_{top} 为 200 hPa）;p_0 会随海拔高度的增大而降低,三江源及周边区域的海拔并不完全都在 3 500 m 以上，若使用固定的 p_0 进行计算，则可能会在高海拔处以过高的气压值作为积分下限，出现不合理的结果，为此，特地采用了对应的 ERA5 地面气压数据，使得 p_0 成为海拔高度的函数，使用变下限积分式（2.2）来进行计算：

$$PW = \frac{1}{10\rho g} \int_{p(h)}^{200} q(p)\mathrm{d}p \qquad (2.2)$$

式中：h 为海拔高度，m；$p_{(h)}$ 为随 h 改变的地面气压，h 随着位置的不同而发生变化。

根据《空中水汽资源计算方法》（GB/T 35573—2017）[220]，降水转化率的计算方法为

$$PCE = \frac{P}{PW} \times 100\% \qquad (2.3)$$

式中：PCE 为降水转化率，%；P 为与 PW 同时期、同时空尺度的降水量，mm；PW 由式（2.2）计算得到。

为进一步说明空间上的变化特征，采用 t 检验来判断大气可降水量、降水和降水转化率的空间趋势变化的显著性，其中统计量 t 由 PW、P 和 PCE 对时间的相关系数 r 进行确定[223]：

$$t = \frac{r\sqrt{n-2}}{\sqrt{1-r^2}} \qquad (2.4)$$

式中：r 为 PW、P 和 PCE 对时间的相关系数，可按最小二乘法确定。当式（2.4）服从自由度为 $n-2$ 的 t 分布，给定显著性水平 α，查 t 分布表，若 $t > t_\alpha$，则代表空间变化趋势显著。

2.2　三江源水汽-降水转化的多尺度变化特征

2.2.1　大气可降水量的多尺度变化特征

1. 年际时空尺度变化特征

利用 1979～2016 年 ERA5 的气压层比湿数据进行计算，得到如图 2.3 所示的三江源地区大气可降水量的年际时间尺度变化特征，以及如图 2.4 所示的三江源地区大气可降水量的年际空间尺度变化特征。图 2.3（a）是三江源地区大气可降水量的年序列，可以看到，大气可降水量年际变化波动较大，呈现非常显著的增加趋势，增速约 40 mm/10 a，多年平均值为 1 812.4 mm。图 2.3（b）是三江源地区大气可降水量的年序列对应的距平，可以看到，三江源地区大气可降水量年际时间尺度变化由干转湿分界明显，在 1997 年以前整体呈现偏干趋势，1997 年以后整体呈现偏湿趋势；自 1997 年以来，极端干旱年逐渐减少，极端湿润年逐渐增多。

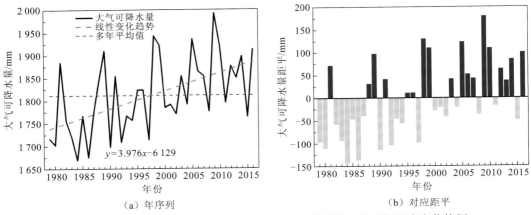

（a）年序列   （b）对应距平

图 2.3   1979～2016 年三江源地区大气可降水量的年际时间尺度变化特征

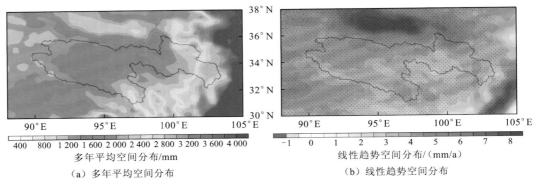

（a）多年平均空间分布   （b）线性趋势空间分布

图 2.4   1979～2016 年三江源地区大气可降水量的年际空间尺度变化特征

打点代表通过 95%显著性检验

    图 2.4（a）是三江源地区大气可降水量的多年平均空间分布，大气可降水量的量级整体呈现东多西少、南多北少、随高程的增大而减少的空间分布格局，在黄河源出口处的平原区及青藏高原东南边界存在明显的水汽聚集现象，表明大量水汽因地形阻挡和海拔影响难以翻越至源区内部，滞留于高原边缘。图 2.4（b）是三江源地区大气可降水量的线性趋势空间分布，可以看到，整个源区及周边地区的大气可降水量呈现非常显著的增加趋势，几乎全域通过了 95%显著性检验，柴达木盆地和高原东南缘增速可超 80 mm/10 a，表明在气候变化影响下，即使受地形和海拔的阻挡，仍然有显著增加的水汽源源不断地输送至三江源地区，使得整个区域呈现明显的暖湿化。

2. 季节时空尺度变化特征

    利用 1979～2016 年 ERA5 的气压层比湿数据进行计算，得到如图 2.5 所示的三江源地区大气可降水量的季节时间尺度变化特征、如图 2.6 所示的三江源地区大气可降水量的季节时间尺度变化距平，以及如图 2.7 所示的三江源地区大气可降水量的季节空间尺度变化特征。由图 2.5 可以看到，大气可降水量在各个季节内变化十分不均，夏季呈现较大的波动，量级最大，1998 年有一次较显著的突变；春秋两季的波动较小，变化呈现一致性，量级上秋季比春季略大，并在季节变化中存在数次不显著的突变；冬季几乎没有波动和突变，量级与夏季相差约 8 倍。由图 2.6 可以看到，四季的大气可降水量由干

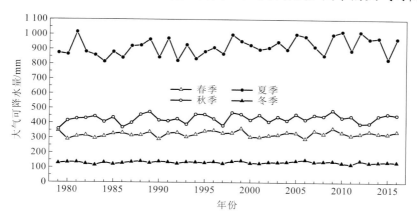

图 2.5　1979~2016 年三江源地区大气可降水量的季节时间尺度变化特征

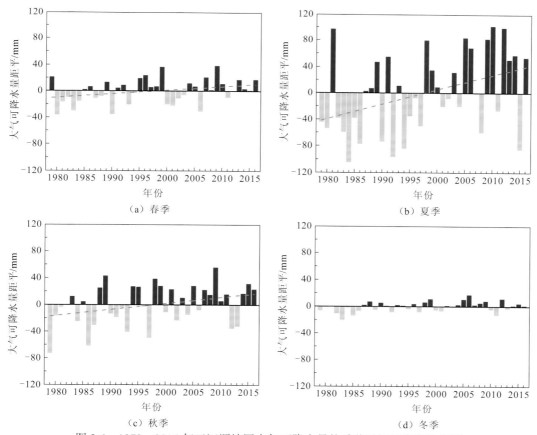

（a）春季　　　（b）夏季

（c）秋季　　　（d）冬季

图 2.6　1979~2016 年三江源地区大气可降水量的季节时间尺度变化距平

虚线为线性变化趋势

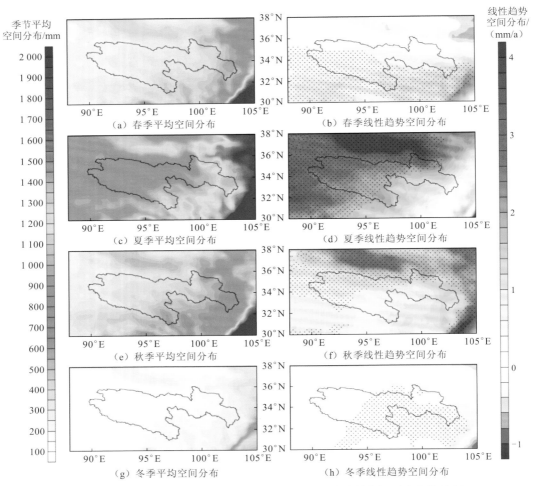

图 2.7　1979~2016 年三江源地区大气可降水量的季节空间尺度变化特征

打点代表通过 95%显著性检验

转湿分界明显，均发生在 1997 年左右；夏季大气可降水量增速最大，其次到秋季、春季，冬季几乎没有变化；自 1997 年之后，夏季偏湿年的极端湿润年逐渐增多，极端干旱年偶有发生。对比图 2.3、图 2.5 和图 2.6 可知，在长期演变中，夏季变化特征与年际变化特征具有较高的一致性，夏季变化可视为年际变化的信号。

图 2.7（a）、（c）、（e）、（g）是三江源地区大气可降水量的季节平均空间分布，可以看到，夏季的季节平均空间分布与多年平均空间分布[图 2.4（a）]有较高的一致性，呈现从三江源西部向东部增大、随高程的减小而增大的空间分布格局，在黄河源出口处的平原区及高原边界存在明显的水汽聚集；春、秋两季的季节平均空间分布具有较高的一致性，呈现为东多西少的特征，高原边缘有明显的水汽聚集；冬季大气可降水量极其稀少，呈现东多西少的分布格局。图 2.7（b）、（d）、（f）、（h）是对应季节的线性趋势空间分布，可以看到，夏季大气可降水量的增速最明显、最快，源区的西北部是主要增加区

域，整体上与年平均空间趋势分布[图 2.4（b）]一致；春秋两季刚好相反，春季主要在源区南部有显著增加，北部有减少，秋季则几乎全区域增加，北部及东部增加趋势显著；冬季的增加速率相对较小，但仍然通过了显著性检验。这表明在气候变化的影响下，整个三江源地区四季的大气可降水量均呈现显著的增长趋势。对比图 2.4 和图 2.7 可知，夏季的季节空间尺度变化特征可视为年际空间尺度变化特征的信号。

2.2.2　降水量的多尺度变化特征

1. 年际时空尺度变化特征

利用 1979～2016 年 ERA5 的单层降水数据进行计算，得到如图 2.8 所示的三江源地区降水的年际时间尺度变化特征、如图 2.9 所示的三江源地区降水的年际空间尺度变化特征。图 2.8（a）是三江源地区降水的年序列，可以看到，降水在 1987 年前波动不大，1987 年后开始呈现较为剧烈的波动，年际变化整体上波动较大；降水整体呈现不显著的增加趋

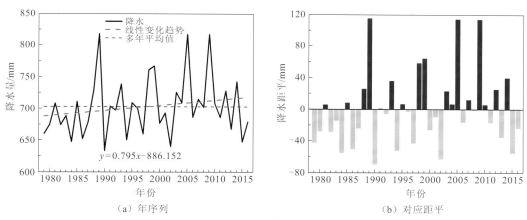

（a）年序列　　　　　　　　　　　　（b）对应距平

图 2.8　1979～2016 年三江源地区降水的年际时间尺度变化特征

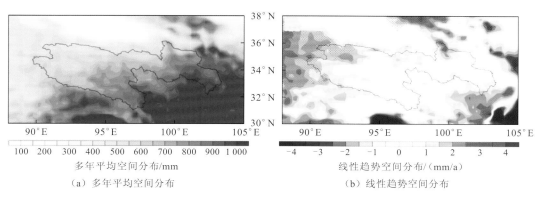

（a）多年平均空间分布　　　　　　　　（b）线性趋势空间分布

图 2.9　1979～2016 年三江源地区降水的年际空间尺度变化特征

打点代表通过 95%显著性检验

势，增速约 8 mm/10a，多年平均值为 702.5 mm。图 2.8（b）是三江源地区降水的年际序列对应的距平，可以看到，三江源地区降水年际变化干湿分界不明显，无整体偏干、偏湿年代，干湿年交替演变，1985 年后偏湿年增多，同时极端偏湿年和极端偏干年频繁出现。这与大气可降水量逐年增加、年际变化干湿分明的变化（图 2.3）不一致，极端事件年际变化状况差异显著。

图 2.9（a）是三江源地区降水的多年平均空间分布，可以看到，降水空间干湿分界明显，唐古拉山以南、长江源出口以南的横断山脉地区年平均降水量非常大，沱沱河地区明显偏干，呈现更显著的东多西少、南多北少、随高程的增大而减少的空间分布格局，基本与大气可降水量的空间分布格局[图 2.4（a）]对应：缺少了水汽的输入，三江源西北部的降水整体稀少，而水汽聚集的高原边界则有大量降水。图 2.9（b）是三江源地区降水的线性趋势空间分布，可以看到，整个源区的降水空间变化极其不均，中部几乎没有显著增减变化，黄河源出口附近有显著增加趋势，长江源、澜沧江源变化不明显；周边地区变化显著，在三江源地区的西部、柴达木盆地的东北侧和黄河源地区的南部有显著的增加趋势，高原边缘地区则呈现显著的减少趋势，这与大气可降水量在三江源全区域显著增加的趋势[图 2.4（b）]有显著的差异。由此可知，在气候变化影响下，三江源地区尽管水汽在空间上大范围明显增加，但降水却几乎没有大的变化，水汽的持续增加并没有完全相应地转化为更多的降水。

2. 季节时空尺度变化特征

利用 1979～2016 年 ERA5 的单层降水数据进行计算，得到如图 2.10 所示的三江源地区降水的季节时间尺度变化特征、如图 2.11 所示的三江源地区降水的季节时间尺度变化距平，以及如图 2.12 所示的三江源地区降水的季节空间尺度变化特征。由图 2.10 可以看到，降水在各个季节内变化十分不均，夏季整体从 1986 年后呈现较为明显的波动，降水量级最大，但 2005 年之后呈现微弱的减少趋势；春秋两季的波动较小，变化呈现一致性，量级上秋季比春季略大，在季节变化中存在数次不显著的突变；冬季几乎没有波动和突变，量级与夏季相差约 8 倍。由图 2.11 可以看到，四季的降水由干转湿分界不明显，干湿年交替演变，夏季极端事件频发；春季降水增速最大，其次是夏季、秋季，冬季几乎没有变化。这些变化与大气可降水量四季增速变化、干湿转变的特征（图 2.6）有明显差异，季节内极端事件的演变也与大气可降水量有明显不同。对比图 2.8、图 2.10 和图 2.11 可知，在长期演变中，夏季变化特征与年际变化特征具有较高的一致性，夏季变化可视为年际变化的信号。

图 2.12（a）、（c）、（e）、（g）是三江源地区降水的季节平均空间分布，可以看到，夏季的季节平均空间分布与年平均空间分布[图 2.9（a）]有较高的一致性，呈现长江源出口以西北偏干，以东南偏湿的干湿分界，量级从三江源西北向东南增大、随高程的减小而增大；春秋两季的季节平均空间分布具有较高的一致性，呈现为东南多、西北少的特征，高原边缘的降水明显高于高原内部；冬季降水极其稀少，几乎全域全季无雨；整

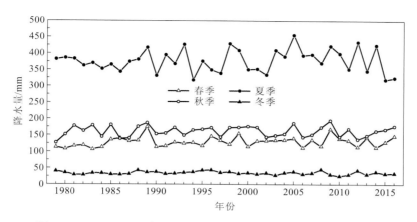

图 2.10　1979~2016 年三江源地区降水的季节时间尺度变化特征

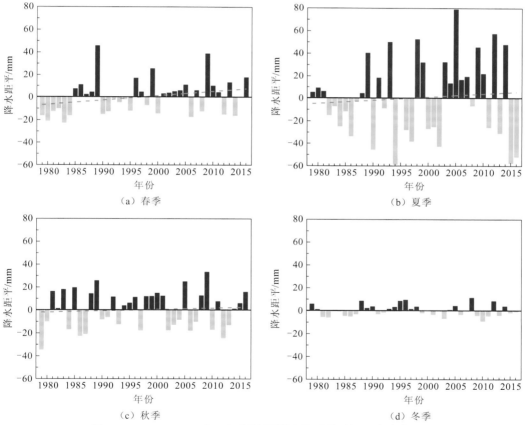

（a）春季

（b）夏季

（c）秋季

（d）冬季

图 2.11　1979~2016 年三江源地区降水的季节时间尺度变化距平

虚线为线性变化趋势

体上，降水的季节平均空间分布与大气可降水量的季节平均空间分布［图 2.7（a）、（c）、（e）、（g）］基本对应。图 2.12（b）、（d）、（f）、（h）是对应季节的线性趋势空间分布，可以看到，夏季在空间上的变化极其不均，黄河源出口呈现显著的增加趋势，长江源、澜沧江源则没有显著变化，内部呈现斑块状减少区域，但源区周边地区变化显著，西部、北部呈现显著的增加趋势，东部和南部高原边缘呈现显著的减少趋势，这与夏季大气可降水量大范围显著增加的季节平均空间变化趋势［图 2.7（d）］有非常明显的差异，水汽的持续输入没有完全相应地转化为降水；春秋两季变化趋势刚好相反，春季主要在源区南部有显著增加、北部有减少，秋季主要在北部有明显增加、南部显著减少，这与春季和秋季大气可降水量的变化趋势［图 2.7（b）、（f）］有较高的一致性；冬季几乎无变化，南部高原边缘有一显著减少区域，与冬季大气可降水量显著增加的趋势［图 2.7（h）］不同。这表明在气候变化的影响下，整个三江源地区四季的降水变化与大气可降水量的变化有较大的差异，差异主要集中在夏季。对比图 2.9 和图 2.12 可知，夏季的季节空间尺度变化特征可视为年际空间尺度变化特征的信号。

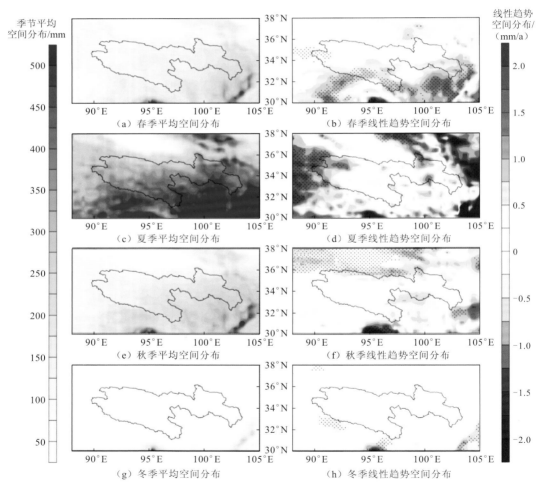

图 2.12　1979～2016 年三江源地区降水的季节空间尺度变化特征

打点代表通过 95%显著性检验

2.2.3　降水转化率的多尺度变化特征

1. 年际时空尺度变化特征

利用已有的年际尺度大气可降水量和降水进行计算，得到如图 2.13 所示的三江源地区降水转化率的年际时间尺度变化特征、如图 2.14 所示的三江源地区降水转化率的年际空间尺度变化特征。图 2.13（a）是三江源地区降水转化率的年序列，可以看到，降水转化率在 1987 年前波动不大，1987 年后呈现十分剧烈的波动，1995～2000 年相对平缓，随后又开始剧烈波动；降水转化率整体呈现十分显著的减少趋势，速率约 0.39%/10a，多年平均值为 39.17%。图 2.13（b）是三江源地区降水转化率的年序列对应的距平，可以看到降水转化率由高转低的分界点与大气可降水量的由干转湿分界点[图 2.3（b）]基本对应为 1997 年，整体变化趋势与大气可降水量恰好相反，这是由于大气可降水量的增加远比降水来得快，降水转化率的变化被大气可降水量主导。由此进一步印证了图 2.3 和图 2.8 对比得到的结论，即气候变化影响下的三江源地区，尽管大气含水量显著增加，大气整体呈现暖湿化，但输入的水汽却没有完全对应地转化为降水，水汽-降水转化存在明显的抑制。

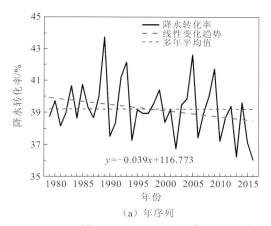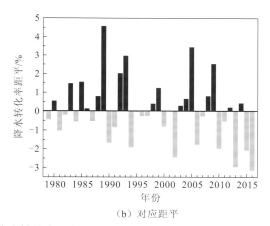

$$y=-0.039x+116.773$$

（a）年序列　　　　　　　　　　　　　（b）对应距平

图 2.13　1979～2016 年三江源地区降水转化率的年际时间尺度变化特征

图 2.14（a）是三江源地区降水转化率的多年平均空间分布，可以看到，三江源全域的降水转化率内部差异不大，基本都在同一水平；但以青藏高原边缘为界，上下呈现非常明显的降水转化突变，高原地区的降水转化率普遍高于高原之下，内外呈现明显的高程差异特征。这是因为青藏高原地面和大气的巨大热源作用，低层大气总向高原辐合，并在高原上升，这就使得三江源地区尽管大气可降水量相对周边地区较低，却拥有非常高的降水转化率[224]。图 2.14（b）是三江源地区降水转化率的线性趋势空间分布，可以看到，整个源区的降水转化率主要呈现为不显著的减少趋势，意味着虽然整个源区的水资源输入量不断增加，但水资源的天然利用效率正在逐渐降低，水汽-降水转化存在某种程度上的抑制。

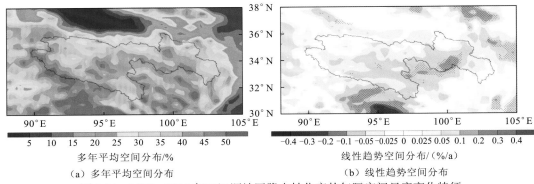

（a）多年平均空间分布　　　　　　　　　（b）线性趋势空间分布

图 2.14　1979～2016 年三江源地区降水转化率的年际空间尺度变化特征

打点代表通过 95%显著性检验

2. 季节时空尺度变化特征

利用已有的季节大气可降水量和降水量进行计算，得到如图 2.15 所示的三江源地区降水转化率的季节时间尺度变化特征、如图 2.16 所示的三江源地区降水转化率的季节时间尺度变化距平，以及如图 2.17 所示的三江源地区降水转化率的季节空间尺度变化特征。由图 2.15 可以看到，各季节的降水转化率存在很大的变化波动，冬季的降水转化率明显低于其他三季，春季、夏季和秋季的降水转化率量级基本一致，与年际的量级[图 2.13（a）]相当，三季的变化特征较为相似；对比图 2.5、图 2.10 和图 2.15 可知，尽管夏季的大气可降水量和降水量显著高于春秋两季，但水汽-降水转化关系具有基本相同的时间变化特征，即在空中水资源不紧缺的季节中，水汽-降水转化关系的时间变化是具备一致性的，而对于空中水资源较为紧缺的冬季，则呈现出比较大的差异。由图 2.16 可以看到，春季降水转化率的变化趋势与其他三季明显不同，春季呈现增加趋势，其他三季呈现减少趋势；尽管四季的降水转化率基本波动在同一个量级，但是由于夏季整体的水资源从冬季降水转化率的距平可以看出，尽管冬季相对于其他三季的变幅非常微弱，但就冬季本身而言，依然有很显著的季内波动现象。由此可知，在气候变化影响下，三江源地区水汽-降水转化关系在各季节内受气候变化的影响是显著的。

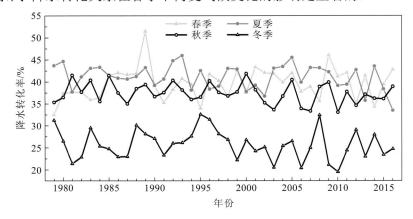

图 2.15　1979～2016 年三江源地区降水转化率的季节时间尺度变化特征

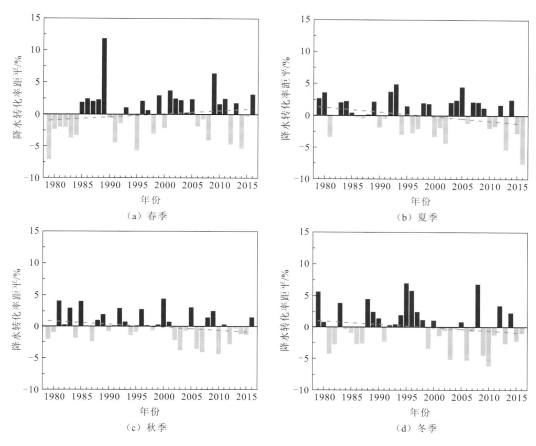

图 2.16　1979～2016 年三江源地区降水转化率的季节时间尺度变化距平
虚线为线性变化趋势

　　图 2.17（a）、（c）、（e）、（g）是三江源地区降水转化率的季节空间尺度变化特征，可以看到，以青藏高原边缘为界，高原上和高原下呈现非常明显的降水转化突变，高原上的降水转化率普遍高于高原下；春季、夏季和秋季的空间分布呈现较高的一致性，与冬季存在较大的差异，说明在空中水资源不紧缺的季节中，水汽-降水转化关系的空间变化是具备一致性的，而对于空中水资源较为紧缺的冬季，则呈现出比较大的差异，这与季节的时间变化（图 2.15）的分析结果呼应。图 2.17（b）、（d）、（f）、（h）是对应的线性趋势空间分布，可以看到，四季的变化呈现极大的不均匀性，春季在源区南部呈现不显著的增加趋势，夏季在源区内部有较明显的减少趋势，秋季则与春季相反，柴达木盆地呈现显著增加趋势，源区南部呈现显著减少趋势，冬季源区内呈现减少趋势，西南部减少趋势显著。对比图 2.12 和图 2.17 可知，降水转化率空间分布上的变化基本能够与降水的变化有一定的对应，降水增加区域，在降水转化率上也体现为增加，降水不变或减少的区域，在降水转化率上对应地体现为减少。

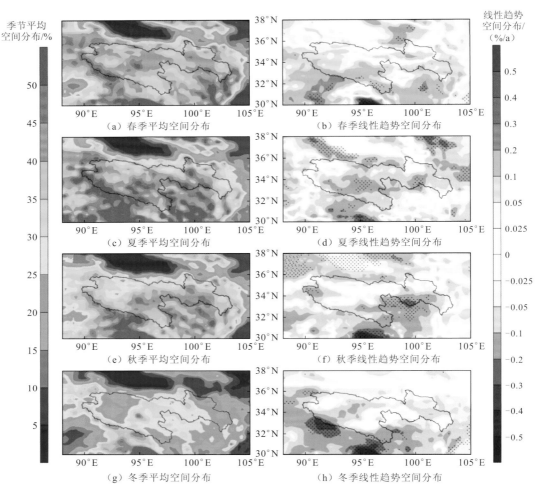

图 2.17　1979～2016 年三江源地区降水转化率的季节空间尺度变化特征
打点代表通过 95%显著性检验

2.3　本章小结

　　本章利用 ERA5 全球再分析月平均比湿、风场、气压和降水数据，从水汽-降水转化关系的时空变化特征入手，揭示了 1979～2016 年三江源地区大气可降水量、降水及降水转化的年际、季节时空变化特征，主要内容与结论如下。

　　（1）年际时空尺度：时间上，大气可降水量呈现显著的增加趋势，干湿交替分界明显，主要呈现暖湿化趋势；降水呈现不显著的增加趋势，干湿交替分界不明显，极端干湿年频繁出现；降水转化率呈现显著的减少趋势，水分收支异常的气象干旱逐渐加剧。空间上，大气可降水量呈现东多西少、南多北少、随高程的增大而减少的空间分布格局，空间变化呈现全域显著增加的趋势；降水空间干湿分界明显，呈现更显著的东多西少、南多北少、随高程的增大而减少的空间分布格局，空间变化极其不均，增加不明显；降水转化率全域基本是同一水平，内外有明显的高程差异特征，整个源区的降水转化率主要呈现为不显著的减少趋势。

（2）季节时空尺度：夏季的大气可降水量、降水在时空尺度的变化、分布上与年际具有较高的一致性，总体量级最大，季节内波动最大，可视为年际变化的信号；春、秋两季时空尺度的变化、分布、量级和季节内波动相似，冬季在各方面几乎没有发生显著变化；在增加速率上，各季节存在一定差异，大气可降水量增加最快在夏季，但降水在春季。降水转化率除冬季外，其他季节在时空尺度的变化、分布、量级和季节内波动上表现相似，唯春季呈现增加趋势。

第 **3** 章

三江源典型降水异常态及气象成因

3.1 气候变化背景下的典型降水异常态

　　基于 ERA5 的三江源地区水汽-降水转化关系的时空基本变化特征研究显示,在气候变化背景下,三江源地区在近十几年来呈现显著的大气暖湿化,大气可降水量呈显著增加趋势,降水呈不显著增加趋势。诸多基于多模式的未来气候预测及预估亦表明,这一变化趋势还将持续,即在气候变化影响下,相对于气候态而言无论是三江源地区还是青藏高原整体都将持续地往暖湿化发展。而在此背景下,出现了一个显著的异常年,综上分析容易发现,2015 年三江源地区的气候却呈现出近十几年来明显的偏干,夏季更是呈现出降水极端偏少的异常情况。如图 3.1 所示,2015 年大气可降水量较气候态偏少 48.6 mm,是自三江源地区气候由干转湿以来的第二偏少年;降水较气候态偏少 55.3 mm,是自三江源气候由干转湿以来的第二降水偏少年,这与整体暖湿化的变化趋势形成鲜明对比。在季节变化上,2015 年夏季大气可降水量呈现异常偏少,是 1979～2016 年来的第三偏少年,较夏季气候态偏少;夏季降水的偏少则更为极端,是 1979～2016 年来的第二偏少年,较夏季气候态偏少 57.8 mm。

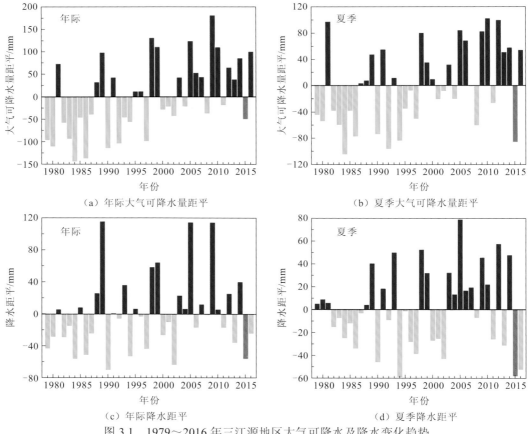

（a）年际大气可降水量距平　　　　　　（b）夏季大气可降水量距平

（c）年际降水距平　　　　　　　　　（d）夏季降水距平

图 3.1　1979～2016 年三江源地区大气可降水及降水变化趋势

　　局地的气候异常往往是大尺度区域气候异常的"冰山一角"，为了客观分析三江源地区降水异常态，需要从更大的尺度来观察异常态的空间分布。分析 2015 年全国总降水相对于气候态的距平场，可以得到，全年我国降水自西北向东南呈现"正-负-正"的三极子分布型，长江以南整体降水偏多，以北大部分地区呈现非常明显的降水偏少，西北内陆区则呈现降水偏多，三江源地区刚好位于"正-负"变化的交接处，靠近"正"区的北侧降水偏少程度较低，靠近"负"区的南侧降水偏少程度较高；就夏季而言，全年降水距平的"正-负-正"三极子分布型被削弱，全国大范围呈现非常显著的降水偏少，在三江源地区则几乎全域降水偏少。

　　大范围的异常降水发生，表明这一年、这一季度的降水来源极有可能也存在重大变化。2015 年夏季汇向青藏高原的孟加拉湾-印度通道的水汽呈现非常明显的偏西风输送，但水汽输送量的大值区却没有出现在青藏高原，也没有出现在我国大陆，而是沿着中国华南、东南沿海向北太平洋过渡，在青藏高原南侧出现十分强烈的水汽辐合，而北侧则几乎没有，表明大量水汽未能成功抬升-翻越至青藏高原，这就使得整个高原的水汽来源不足，不利于降水的形成；同时，来自东太平洋的东亚季风输送的水汽很明显地被北上的南亚季风输送的水汽所截，在我国东海区域改向并融入南亚季风输送水汽。水汽强烈辐合区出现在东亚季风和南亚季风交汇的中国东海区域，西北太平洋上空出现非常显著的反气旋性、气旋性异常偶极子环流水汽输送，三江源地区乃至中国绝大部分地区的水汽均来自西北太平洋北区的异常偏东风水汽输送，但在中国东北入境后转为强烈的偏北风，自东北向东南在东海区域辐合，未能在三江源地区贡献足够的降水水汽。综上，2015 年夏季的整层水汽输送对三江源地区的降水很不利。

　　青藏高原三江源地区的降水空间分布格局与东亚季风、南亚季风有着非常密切的关系，季风指数的强弱基本能够表征出当年降水的总体状况。根据中国气象局气候变化中心发布的《中国气候变化蓝皮书（2020）》统计的夏季风强度指数（图 3.2），2015 年东亚夏季风指数较常年偏低，南亚夏季风指数出现极端异常低值，为 1960 年以来最低值。由南亚夏季风输送的水汽是三江源地区最大的水汽输入源，而 2015 年南亚夏季风异常弱，难以将大量水汽携带至我国境内，直接导致三江源地区天然降水动力条件不足。

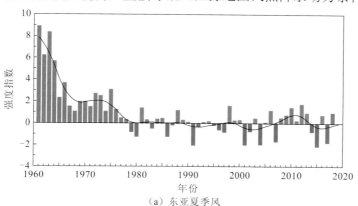

（a）东亚夏季风

图 3.2　1961~2019 年东亚夏季风、南亚夏季风强度指数

黑线为低频滤波值曲线

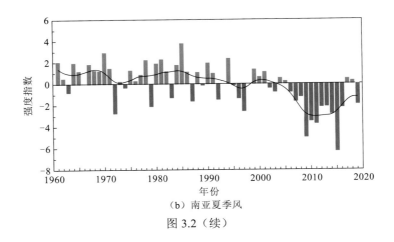

（b）南亚夏季风

图 3.2（续）

3.2 三江源地区异常降水模拟

3.2.1 基于 WRF 的降水模拟参数化方案

1. 研究数据和研究模型

1）研究数据

本章将采用 ERA5 逐小时气压层和逐小时单层数据作为降水模拟初始场，主要的驱动变量见表 3.1。用于评价模拟结果的观测数据采用 CMFD 中的降水数据。

表 3.1 WRF 驱动模式模拟的 ERA5 变量集

变量名	变量类型	时间范围	空间分辨率/（°）
气温	气压层数据		
风场			
位势高度			
比湿			
地面气压	单层数据	2015 年 7~8 月	0.25
平均海平面气压			
2 m 气温			
2 m 比湿			
10 m 风场			
土壤性质数据			
海陆面域比			
雪深			

2）研究模型

（1）WRF 模式简介。WRF 模式是由美国国家大气研究中心（National Center for Atmospheric Research，NCAR）、美国国家大气海洋局预报系统实验室（National Oceanic and Atmospheric Administration-Forecast System Laboratory，NOAA-FSL）、美国国家环境预报中心（National Center for Environment Prediction，NCEP）、俄克拉荷马大学风暴分析预报中心（Center for Analysis and Prediction of Storms，CAPS）四个单位为主导，美国国家航空航天局（National Aeronautics and Space Administration，NASA）、美国军方以及美国国家环境预报中心共同协助，于 1977 年联合发起的新一代中尺度数值天气预报系统。WRF 模式基于 Fortran 语言开发，包含软件 Advanced Research WRF（ARW）和 Non-hydrostatic Mesoscale Model（NMM）两个动力计算内核，重点关注从云尺度到天气尺度等重要天气过程。尽管 ARW 和 NMM 均可用于数值天气预报，但 ARW 因具备以下三个优点而被更加广泛地用于科学研究：①模拟分辨率跨度大，可开展小至对流解析模式、大涡模拟，大至全球大气环流的气候模拟实验；②模拟时间范围广，可开展小至日尺度的天气个例，大至数十年的气候研究；③可研究方向众多，既可用于气候变化模拟的研究，也可用于大气物理、大气化学、资料同化等研究。截至目前，WRF 模式已经更新到 V4.2 版本，本书选用较为稳定的 WRF V3.9.1 版本开展研究。

（2）WRF 模式基本框架和原理。

WRF 模式基本框架。如图 3.3 所示，WRF 模式主要由 WRF 前处理过程（WRF preprocessing

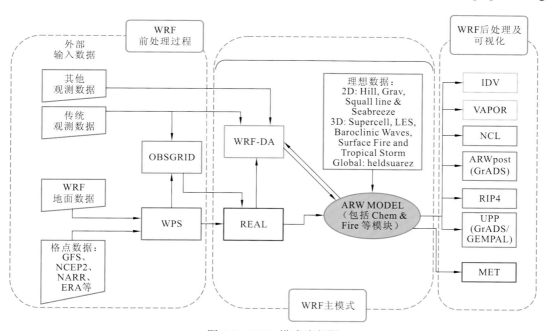

图 3.3　WRF 模式流程图

OBDGRID、WPS、WRFDA、REAL、ARW MODEL 为 WRF 各模块，GFS、NCEP2、NARR、ERA、Hill、Grav 等为各种数据，IDV、VAPOR、NCL、ARWpost（GrADS）、RIP4，UPP（GrADS/GEMPAL），MET 为后处理和可视化模块

system，WPS）模块、WRF 同化数据（WRF data assimilation，WRF-DA）模块、ARW 动力框架模块以及后处理模块组成，其中 WRF-DA 模块和 ARW 动力框架模块是整个 WRF 模式的主模式。

WRF 模式前处理过程模块。WPS 主要有三个步骤：定义模拟投影、区域范围、嵌套关系以及地面数据插值的 geogrid，解压再分析驱动数据并提取所需气象变量的 ungrib，以及将气象变量投影至模拟区域的 metgrid，三者在 WPS 中的关系如图 3.4 所示。

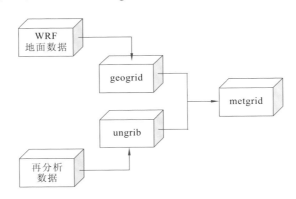

图 3.4　WPS 主要步骤间的关系

WRF 模式的主模式。主模式部分包括 WRF-DA 模块和 ARW 动力框架模块，本小节未使用 WRF-DA 模块，故在此主要介绍 ARW 动力框架模块。

ARW 动力框架模块的动力框架采用完全可压缩、非静力平衡（带有静力平衡选项）的欧拉模型，用具有守恒性的变量的通量形式来表示。

水平方向上采用 Arakawa C 网格，如图 3.5（a）所示。在 Arakawa C 网格上既有矢量又有标量，但它们在网格点上的定义位置并不相同。水平风速的 u，v 分量分别定义在四方形单元格点区域的正交边界上，而温度、湿度、气压等标量 θ 则定义在四方形单元格点区域的中央。

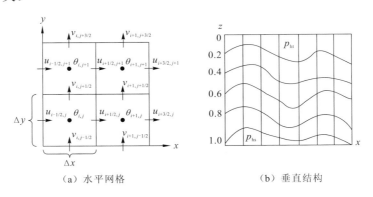

（a）水平网格　　　　　　　　　（b）垂直结构

图 3.5　WRF 模式水平和垂直结构示意图

垂直方向上则采用地形跟随质量坐标，如图 3.5（b）所示。使用 η 表示的气压地形和垂直坐标来定义：

$$\eta = (p_{\mathrm{h}} - p_{\mathrm{ht}}) / \mu, \quad \mu = p_{\mathrm{hs}} - p_{\mathrm{ht}} \tag{3.1}$$

式中：p_{h} 为静力平衡气压分量；p_{hs} 为地面气压；p_{ht} 为模式顶气压；η 在地面为 1，模式顶为 0。

$\mu(x, y)$ 表示(x, y)上单位面积上模式范围内空气柱的质量，因此变量的通量形式为

$$V = \mu v = (U, V, W), \quad \Omega = \mu \eta, \quad \Theta = \mu \theta, \quad v = (u, v, w) \tag{3.2}$$

式中：V 为变量的通量；v 为风矢量；U，V，W 分别为 V 在 x，y，z 方向上分量；u，v，w 分别为 v 在 x，y，z 方向上分量；Ω 为 η 坐标下变量；Θ 为 Arakawa C 网格变量。

大气运动遵守牛顿第二定律、质量守恒定律、热力学能量守恒定律、水汽守恒定律等物理定律。大气运动构成的基本方程组主要包括运动方程、连续方程、热力学方程、状态方程和水汽方程。由以上定义的变量，可得通量形式的欧拉控制方程组：

$$\partial_t U + (\nabla \cdot V u) - \partial_x (p \phi_\eta) + \partial_\eta (p \phi_x) = F_U \tag{3.3}$$

$$\partial_t V + (\nabla \cdot V v) - \partial_y (p \phi_\eta) + \partial_\eta (p \phi_y) = F_V \tag{3.4}$$

$$\partial_t W + (\nabla \cdot V w) - g(\partial_\eta p - \mu) = F_W \tag{3.5}$$

$$\partial \Theta + (\nabla \cdot V \theta) = F_\Theta \tag{3.6}$$

$$\partial_t \mu + (\nabla \cdot V) = 0 \tag{3.7}$$

$$\partial_t \phi + \mu^{-1}[(V \cdot \nabla \phi) - gW] = 0 \tag{3.8}$$

其中，静力方程为

$$\partial_n \phi = -\alpha \mu, \quad \alpha = 1 / \rho \tag{3.9}$$

状态方程为

$$p = p_0 (R_{\mathrm{d}} \theta / p_0 \alpha)^\gamma \tag{3.10}$$

在式（3.3）～式（3.10）中，下标 x, y, η 表示相应方向的微分：

$$\nabla \cdot V A = \partial_x (UA) + \partial_y (VA) + \partial_\eta (\Omega A) \tag{3.11}$$

$$V_{\nabla A} = U \partial_x A + V \partial_y A + \Omega \partial_\eta A \tag{3.12}$$

式中：A 为任意常数；ϕ 为位势；$\gamma = c_p / c_v = 1.4$；R_{d} 为干空气比气体常数；p_0 为参考气压。等号右边的项 F_U，F_V，F_W，F_Θ 表示由模式物理过程、湍流混合、球面投影和科里奥利力引起的强迫项。

为了提高计算效率，WRF 模式时间积分方案采用的是时间分裂的积分方案，即所有的预报变量皆采用通量形式，在时间积分上使用 3 阶龙格-库塔（Runge-Kutta，R-K）时间积分方案，高频声波部分采用小时间步长积分扰动变量控制方程组以保证数值的稳定性。图 3.6 给出了 WRF 模式中时间积分方案流程图，可以看出在时间离散过程中，先采用龙格-库塔时间积分方案计算，其积分过程可分为 4 个步骤：①低频过程，该过程通过使用较长时间步长的 3 阶龙格-库塔时间积分方案，计算了动力过程中的源汇项，包括诊断量如温度、气压、u、v 风速等，其中主要物理过程的计算顺序为辐射过程、陆面过程、行星边界层过程、积云对流参数化过程、湍流动能和混合过程；②高频过程，主要是针对高频声波模态和重力波的计算，使用较短时间步长的二阶龙格-库塔时间积分方案，在

水平方向上为显式时间积分方案，在垂直方向则为隐式时间积分方案；③使用①和②的物理量计算大气标量变量；④利用更新后的预报量结合总气压（水汽和干空气气压之和）的诊断方程和扰动形式的静力方程计算扰动气压和密度。

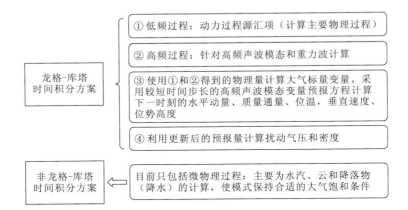

图 3.6　WRF 模式时间积分方案

　　WRF 模式中时间离散积分的最后一步，是使用非龙格-库塔时间积分方案计算的。目前仅为云微物理过程的计算，其主要包括水汽、云和降落物（降水）的计算。将云微物理过程的计算置于龙格-库塔时间积分方案之外，是因为将凝结调整过程放在最后计算可以保证大气饱和平衡，从而保证更新后的温度和水汽是准确的。

　　WRF 模式后处理模块。WRF 模式后处理的主要内容是将 WRF 模拟输出的结果进行一系列的加工、可视化，以更好地展现 WRF 模拟结果。美国国家大气研究中心针对 WRF 模式专门研发了可用于进行 WRF 后处理及可视化的开源解释性语言——NCAR 命令语言（NCAR command language，NCL）[①]。

　　NCL 具有现代编程语言的基本特征，有数据类型、变量、运算符、表达式、条件语句、循环以及函数和程序，可以快捷简单地读取和处理 NetCDF 文件以及各种其他格式的数据，并针对性地创建图像。本小节绝大多数的后处理及可视化均使用 NCL 完成。

　　（3）计算资源。在本书中，WRF 模式的 WPS、主模式运行及后处理和可视化均是在国家超级计算无锡中心"神威·太湖之光"超级计算机商用辅助服务器上完成。商用辅助服务器主要用于各类科学与工程计算，包括 980 台普通计算节点，每个计算节点 24 核心（CPU）128 GB 内存，存储空间可按需申请。本小节进行单次模拟实验所用的计算资源一般为 25 节点 600 CPU，按 27 s 连续积分，对 714.4 万 km² 的 99×99 和 191.1 万 km² 的 256×256 两个动力降尺度嵌套层进行连续两个月的单次实验模拟时长一般为 9 h，服务器预存 9 T 存储空间用以存储模式运行的驱动数据文件、前处理过程文件和 WRF 模拟输出文件。

---

　　① http://www.ncl.ucar.edu/（2020-12-14）[2020-12-14]。

2. 基于 WRF 模式的降水模拟参数化优选实验设计

1）WRF 模式降水模拟的参数化方案

WRF 模式的物理过程一般包括微物理过程、行星边界层过程、积云对流过程、辐射过程和陆面过程等，WRF 模式发展至今，已经为每一个物理过程收录了诸多参数化方案，可针对不同的应用需求进行不同的组合。对于降水模拟而言，影响最为关键的物理过程是微物理过程、行星边界层过程和积云对流过程，本章重点探讨这三个方案在三江源地区降水模拟的敏感性，以下对三种物理过程方案进行简要介绍，更具体的内容可参考 WRF 模式官网提供的用户使用手册。

在中尺度降水过程模拟中，微物理参数化方案显著地影响着模拟的云和降水过程。微物理参数化方案代表性地描述了大气中几种液态水成物和冻结水成物之间的相互转化以及复杂的相互作用过程，是模式中处理包括水汽、云和降水过程的重要组成部分。在 ARW 动力框架中，微物理过程的计算位于一个时间积分周期的最后一步，其作为一个调整过程，显式地计算大气中的水成物含水量。

在中尺度降水过程模拟中，行星边界层方案对降水的形成和发展、大气与陆面之间的耦合作用具有重要意义。行星边界层过程是大气流动和下垫面相互作用，是湍流垂直交换显著的大气薄层，对地面和大气之间的动量、热量和水汽的交互起着十分重要的作用。

在中尺度降水过程模拟中，积云对流参数化方案是一个不可或缺的组成部分。积云对流参数化方案根据云的效应与大尺度天气现象已知参数之间的定量关系，估计积云对流可分辨尺度运动的物理效应，联结次网格尺度积云的效应与模式可分辨运动尺度之间的关系，将大尺度模式不能显式分辨的对流凝结和积云引起的热量、水分和动量的输送与模式的预报变量联系起来。正是因为这种联系是在"统计"意义上建立起来的，所以对于高分辨率模拟而言，与驱动场的分辨率之比越小，其联系的不确定性就越大，造成更大的模拟误差。对流解析模式所解决的就是直接将高分辨率的天气过程解析出来，不通过积云对流参数化方案来建立大尺度到高分辨率的映射关系，从技术上避免了模拟误差的主要来源。

2）高分辨率降水模拟参数化优选实验设计

（1）参数化优选实验。近年来，基于 WRF 模式的青藏高原地区高分辨率降水模拟已取得诸多显著进展，表 3.2 列举了部分采用对流解析模式及大尺度模拟的代表性研究，其中，新的 Grell 方案是 WRF V3.5.1 之后对 Grell-Devenyi 方案的升级和替代。由表 3.2 可知，这些代表性研究所使用的参数化方案有很强的共性，针对不同的研究重点和研究区域会有一些小的差别。根据这些研究的模拟结果可知，这几个参数化方案在青藏高原地区的高分辨率降水模拟中具有较好的表现力。

表 3.2 近几年基于 WRF 模式的青藏高原高地区分辨率降水模拟的代表性研究

作者	年份	期刊		物理过程方案和分辨率
Zhou 等[60]	2021	气候动力学 （Clim Dyn）	微物理	改进的 Thompson 方案
			行星边界层	Mellor-Yamada-Janjic TKE 方案
			积云对流	无
			分辨率	3 km
Wang 等[61]	2021	国际气候学杂志 （Int J Climatol）	微物理	改进的 Thompson 方案
			行星边界层	Mellor-Yamada-Janjic TKE 方案
			积云对流	新的 Grell 方案
			分辨率	3 km
Zhou 等[50]	2019	气候动力学 （Clim Dyn）	微物理	Lin 方案
			行星边界层	延世大学方案
			积云对流	新的 Grell 方案
			分辨率	3 km
Lin 等[53]	2018	气候动力学 （Clim Dyn）	微物理	改进的 Thompson 方案
			行星边界层	Mellor-Yamada-Janjic TKE 方案
			积云对流	新的 Grell 方案
			分辨率	3 km
Gao 等[225]	2017	气候动力学 （Clim Dyn）	微物理	WSM 3-class simple ice 方案
			行星边界层	延世大学方案
			积云对流	Grell-Devenyi 方案
			分辨率	3 km
Bao 等[226]	2015	地球物理学研究 杂志-大气 （JGR-A）	微物理	WRF Double Moment 5-class 方案
			行星边界层	Mellor-Yamada-Janjic TKE 方案
			积云对流	Kain-Fritsch 方案
			分辨率	10 km

　　容易发现，以上研究所采用的分辨率均在 gray-zone 之外，尽可能避免积云对流方案在这一空间尺度内可能带来的降水模拟不确定性。4 km 是对流可分辨的"门槛"，在灰区（gray-zone）内距离 4 km 越近，能够解析的小尺度云过程和地形要素就更为逼近对流解析模式，考虑 WRF 模式对驱动场的水平分辨率和高分辨率模拟区的水平分辨率之间合理的比例关系，本小节将选取 5.4 km 作为探究适用于青藏高原三江源地区 gray-zone 内基于 WRF 模式的物理过程参数化方案的水平分辨率。除此之外，考虑表 3.2 涉及的 9 个物理过程参数化方案的同时，增选至如表 3.3 所示的多物理过程方案来开展优选实验。

表 3.3　用于进行优选实验的 WRF 多物理过程方案

项目	物理过程		
	微物理过程	行星边界层过程	积云对流过程
参数化方案	CAM 5.1 5-class 方案（CAM 5.1）	UW TKE 方案（UW）	Kain-Fritsch 方案（KF）
	Lin 方案（Lin）	Mellor-Yamada-Janjic TKE 方案（MYJ）	Betts-Miller-Janjic 方案（BMJ）
	Morrison 2-moment 方案（Morrison 2）	Pleim 方案（Pleim）	新的 Grell 方案（G3）
	改进的 Thompson 方案（Thompson）	Shin-Hong 'scale aware' PBL 方案（SH）	Grell-Freitas ensemble 方案（GF）
	SBU_YLin 方案（SBU_YLin）	延世大学（Yonsei University）（YSU）	改进的 KF 方案（Modi KF）
	Thompson_aerosol 方案（Thompson aerosol）	无	新的 GFS from YSU 方案（New GFS）
	WRF Double Moment 5-class 方案（WDM 5）	无	无
	WSM 3-class simple ice 方案（WSM 3）	无	无
	WSM 5-class 方案（WSM 5）	无	无

本书开展 WRF 模式多物理过程方案的优选实验的流程如图 3.7 所示,具体实验思路是:以一组经过验证的参数化方案为起点(控制组,CTRL),以 CMFD 观测数据为标准(蓝底衬托),按照微物理过程、行星边界层过程、积云对流过程的分类和顺序,依次进行不同类别中多物理过程参数化方案模拟效果的评估;每轮评估结束后所得最优参数化方案组作为下一轮评估的起点,继续进行模拟效果评估。结束后,不仅能得到多物理过程方案在三江源地区降水模拟的敏感性,还将筛选出表 3.3 中高分辨率降水模拟的最优物理参数化方案组合。

(2)高分辨率降水模拟的 WRF 模式设定。利用 ERA5 逐小时再分析数据驱动 WRF 进行高分辨率降水模拟,使用双层反馈嵌套动力降尺度方案,第一层(d01)与 ERA5 驱动场对应,水平分辨率为 27 km,第二层(d02)为高分辨率模拟区,覆盖整个三江源地区,水平分辨率为 5.4 km,中心经纬度为 34°N,97°E,设定 37 层模式层,顶层气压为 50 hPa,采用兰勃特(Lambert)等积方位投影。具体信息见表 3.4。

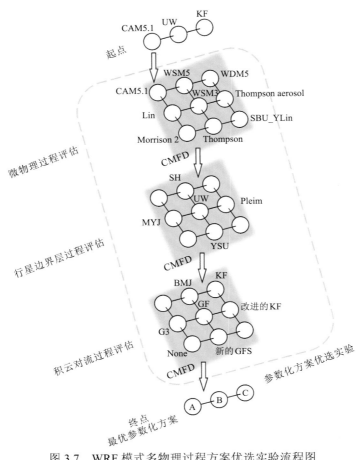

图 3.7　WRF 模式多物理过程方案优选实验流程图

表 3.4　高分辨率降水模拟的 WRF 模式设定

项目		说明
时间	预热期	2015 年 7 月 1～31 日
	模拟期	2015 年 8 月 1～30 日
	时间步长	135 s，27 s
驱动信息	驱动数据	ERA5（0.25°，1 h）
	降尺度方案	双层反馈嵌套动力降尺度
	嵌套层格点数	外层 99×99，内层 256×256
	垂直层	37 层
	模式顶层气压值	50 hPa
地图和模式分辨率	地图投影方式	兰勃特等积方位投影
	中心经纬度	34°N, 97°E
	水平分辨率	27 km, 5.4 km

续表

项目		说明
	微物理过程	CAM 5.1
	行星边界层过程	UW
CTRL 参数化方案	积云对流过程	KF
	辐射传输过程	RRTM，Dudhia
	陆面过程	Noah LSM

3）实验结果评价指标

降水的时间变化、空间分布、总量是评价 WRF 模式模拟降水好坏最基本的要素，在本小节中，空间分布使用空间相关系数（spatial correlation coefficient，SCC）、相对误差（relative error，RE）、均方根误差（root mean square error，RMSE）来量化，降水总量通过相对误差来量化，时间变化通过标准差比（ratio of standard deviation，RSD）来量化。

SCC 表征模式同一区域内模式模拟结果与观测的空间对应点的总体相关程度，由式（3.13）定义：

$$SCC = \frac{\sum_{i=1}^{n}(s_i - \overline{s})(o_i - \overline{o})}{\sqrt{\frac{1}{n}\sum_{i=1}^{n}(s_i - \overline{s})^2}\sqrt{\frac{1}{n}\sum_{i=1}^{n}(o_i - \overline{o})^2}} \tag{3.13}$$

式中：s_i 和 o_i 分别代表区域内空间格点上模拟和观测的值；$\overline{s}$ 和 $\overline{o}$ 分别代表区域内模拟和观测的面平均值；n 为空间格点数量；SCC 为无量纲数。

RE 表征模式模拟结果相对于观测的偏大或偏小的程度，由式（3.14）定义：

$$RE = \left(\frac{\sum_{i=1}^{n}s_i}{\sum_{i=1}^{n}o_i} - 1\right) \times 100\% \tag{3.14}$$

式（3.14）中各符号含义同式（3.13），单位为%。

RMSE 表征模式空间模拟结果在整体上相对于观测的偏离程度，可视作模式模拟结果到观测的"距离"，若 RMSE 越大，则代表距离观测越"远"，格点值的偏差越显著，模拟效果越差，反之则越好。RMSE 由式（3.15）定义：

$$RMSE = \sqrt{\frac{1}{n}\sum_{i=1}^{n}(s_i - o_i)^2} \tag{3.15}$$

式（3.15）中各符号含义同式（3.13），RMSE 单位为 mm/月。

RSD 表征模式模拟时间序列相对于观测的变幅剧烈程度，其值越接近 1，说明模拟结果的日变化过程与观测的日变化过程越逼近，反之则表明越不符合观测。计算 RSD 之前需要先算出模式模拟结果的 SD_{sim} 和观测的 SD_{obs}：

$$SD_{sim} = \sqrt{\sum_{i=1}^{n}(s_i - \overline{s})^2} \qquad (3.16)$$

$$SD_{obs} = \sqrt{\sum_{i=1}^{n}(o_i - \overline{o})^2} \qquad (3.17)$$

则 RSD 定义为

$$RSD = \frac{SD_{sim}}{SD_{obs}} \qquad (3.18)$$

式（3.16）～式（3.18）中各符号含义同式（3.13），RSD 为无量纲数。

为集中对比 WRF 模式敏感性实验中各参数化方案的表现，使用泰勒诊断图（Taylor diagram）将以上多个指标结合起来进行对比分析：泰勒诊断图中，以 CMFD 为标准、经标准化的 SD 为垂直轴，以 RMSE 为水平轴，以 SCC 为圆弧轴，各实验点的正负偏差以上三角、倒三角区分，偏差大小以三角大小表示，则各实验点到 CMFD 的距离就表征为 RMSE 的大小，各实验点到"原点"的距离表示自身时间变化幅度的大小，离 REF 线的远近表示逼近 CMFD 时间变化幅度的程度。

3. 基于 WRF 模式的降水模拟参数化方案优选分析

1）控制组降水模拟结果

WRF 模式 CTRL 降水模拟结果如图 3.8～图 3.10 所示，评价指标结果汇总于表 3.5。由图 3.8 可知，CTRL 在该水平分辨率下能够呈现出三江源以南横断山脉地区复杂的地形特征，地形降水分布十分明显，表明这一分辨率能够表征出地形对水汽传输和降水的影响；从整体来看，CTRL 模拟基本能够反映出与 CMFD 相对应的南多北少的降水空间分布，SCC 为 0.640，RMSE 为 34.749 mm/月，总降水量 RE 为 20.758%，可以观察到主要的湿偏发生在唐古拉山脉和巴颜喀拉山脉之间。将图 3.8（b）与图 3.8（a）进行做差，得到图 3.9（a）所示的总降水量 RE 的空间分布，可以很明显地看到巴颜喀拉山脉南侧、长江源出口周边区域，昆仑山脉两侧及黄河源出口周边区域呈现非常显著的湿偏，澜沧江出口呈现显著的干偏，沱沱河地区、黄河源东南部的模拟效果较好。对 RE 的空间分布进行概率统计，得到图 3.9（b）所示的 RE 概率密度函数（probability density function，PDF），可见概率密度函数虽整体上呈现右偏，68.50%的格点总降水量 RE 为正，均值附近的误差分布非常集中，50.61%的总降水量 RE 能够集中在-25%～25%范围。由图 3.10 可知，CTRL 模拟能够有效反映降水的日变化波动，抓住日降水的日变化趋势，RSD 为 1.156，但呈现明显的降水高估，其中 8 月 10 日之后降水的演变开始向湿偏发展。

表 3.5 **WRF 模式 CTRL 模拟的评价指标结果**

模式	评价指标			
	SCC	RMSE /（mm/月）	RE /%	RSD
CTRL	0.640	34.749	20.758	1.156

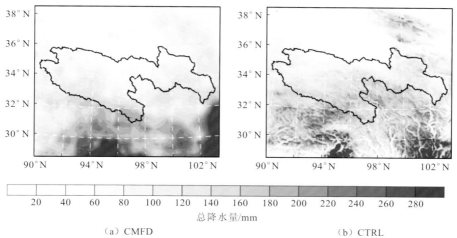

（a）CMFD　　　　　　　　　　　　　　　　　（b）CTRL

图 3.8　WRF 模式 CTRL 模拟的总降水量空间分布

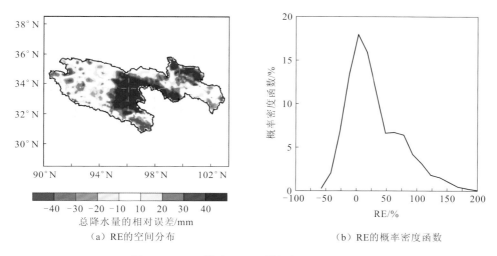

（a）RE的空间分布　　　　　　　　　　（b）RE的概率密度函数

图 3.9　WRF 模式 CTRL 模拟的总降水量 RE

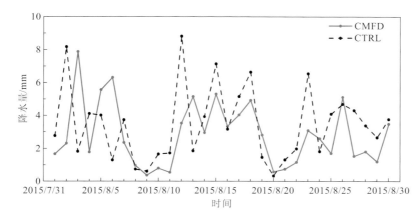

图 3.10　WRF 模式 CTRL 模拟的时间序列

综合以上分析可知，CTRL 在三江源地区高分辨率降水模拟中能够抓得住降水的总体空间分布状况和总体时间变化过程，模拟结果存在明显的湿偏，在整体上具备较好的代表性。这表明由东亚季风输送、"抬升—翻越"进入三江源地区的水汽在 CTRL 模拟中被高估；同时可以推断，模拟的水汽更多地在巴颜喀拉山脉和昆仑山脉之间辐合，从而使得这一区域的降水模拟呈现湿偏。

2）微物理过程参数化方案优选分析

WRF 模式微物理过程参数化方案优选分析结果如图 3.11 和图 3.12 所示。由图 3.11 可知，相对于"原点"，各实验基本分散在不同的半径上，所有实验的日变化波动幅度均大于 CMFD，方案的改变明显带来了降水演变过程的变化，说明 WRF 模拟的三江源地区降水时间序列日变化过程对微物理过程非常敏感；相对于 CMFD 同心圆，各实验基本分散在不同的半径上，方案的改变明显造成模拟结果到 CMFD 距离的改变，微物理过程在很大程度上影响了整体空间降水逼近观测的程度；除 WSM3 其他参数化方案全部高估了总降水量，表明绝大多数微物理过程方案倾向于"允许"更多水汽进入到三江源地区并产生降水；对于 SCC，可以看到除 SBU_YLin 其他参数化方案集中于 0.6～0.7 区间范围，这些方案对空间分布的把握能力基本与 CTRL 平齐。对比可知，相对于 CTRL（CAM 5.1），WSM3 的 RSD 与之保持在同一半径上，RMSE 和 SCC 均优于 CTRL 及其他参数化方案。图 3.12 进一步反映了 WRF 模拟的三江源地区降水时间序列变化过程对微物理过程敏感的事实，且 WSM3 的日变化过程更逼近于 CMFD。经过参数化方案优选实验后，确定了 WSM3 在这些参数化方案中更能反映三江源地区降水的微物理过程机制。

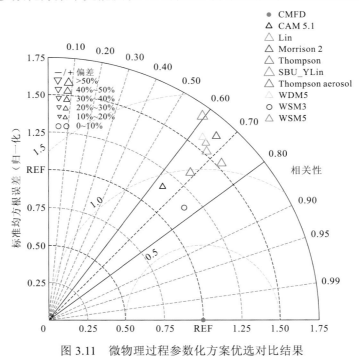

图 3.11　微物理过程参数化方案优选对比结果

图中黄虚线为标准均方根误差（归一化），CMFD 是降水观测对比产品，其余为各参数化方案模拟结果

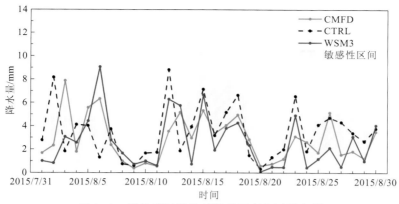

图 3.12　微物理过程敏感性的日变化过程表现

3）行星边界层过程参数化方案优选分析

　　WRF 模式行星边界层过程参数化方案优选分析结果如图 3.13 和图 3.14 所示。从图中可以发现，Pleim 方案、SH 方案、YSU 方案无论是相对于"原点"，还是相对于 CMFD，三个方案的结果基本分布在同一半径上，表明三个方案的表现力基本一致，但是距离 REF线较远，降水日变化过程、降水总量和空间分布均不如 UW 方案。值得注意的是，图 3.13中 MYJ 方案的模拟结果在空间相关性上偏差程度过大，尽管其日变化过程对于自身而言非常平缓，但偏离 REF 非常远，说明日降水峰值基本无法再现，总量上也明显地低估了降水，说明这一方案会明显地弱化大气水汽转化为降水的能力，表明这一边界层方案可能不适用于三江源地区降水模拟，这与表 3.2 中代表性研究大部分采用 MYJ 方案的模拟有明显不同。

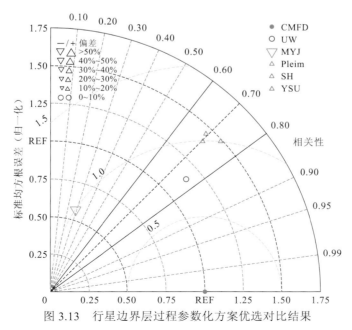

图 3.13　行星边界层过程参数化方案优选对比结果

图中黄虚线为标准均方根误差（归一化），CMFD 是降水观测对比产品，其余为各参数化方案模拟结果

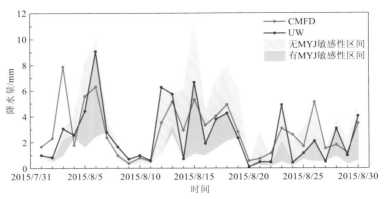

图 3.14　行星边界层过程敏感性的日变化过程表现

由图 3.14 可知，去除 MYJ 方案模拟结果后，WRF 模拟的三江源地区降水日变化过程对行星边界层过程的敏感性明显比微物理过程弱，8 月 10 日之后三个方案的日过程变化往湿偏发展逐渐明显。经过参数化方案优选实验后，确定了 UW 方案在这些参数化方案中更能反映三江源地区降水的行星边界层过程机制。

4）积云对流过程参数化方案优选分析

WRF 模式积云对流过程参数化方案优选分析结果如图 3.15 和图 3.16 所示。由图 3.15 可知，相对于微物理过程敏感性实验和行星边界层过程敏感性实验，所有的积云对流过程实验在整体上显得十分集中，基本围绕着 CTRL 均匀地分布。相对于"原点"，尽管各实验分散在不同的半径上，但是大部分实验的日变化过程波动幅度均大于 CMFD，相互间隔比较明显，呈现出一定的敏感性；相对于 CMFD 同心圆，尽管各实验基本分散在

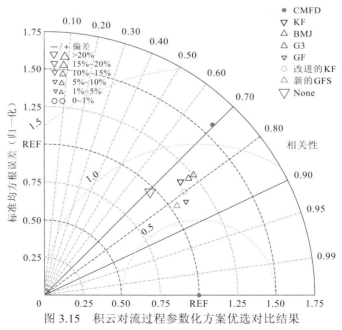

图 3.15　积云对流过程参数化方案优选对比结果

图中黄虚线为标准均方根误差（归一化），CMFD 是降水观测对比产品，其余为各参数化方案模拟结果

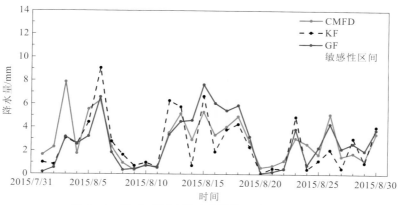

图 3.16 积云对流过程敏感性的日变化过程表现

不同的半径上，但是相互间的距离很小，表明积云对流过程参数化方案的改变不会引起显著的降水日变化波动幅度，敏感性较低；除 None 其他实验的偏差均在 10% 以内，最小为 0.906%，基本维持了由前两轮敏感性实验传递而来的降水量级，表明总降水量对积云对流过程并不敏感；对于 SCC，可以看到除 None 其他参数化方案集中于 0.8 附近，这些方案对空间分布的把握能力与 KF 平齐。特别地，新的 GFS 方案和 GF 方案在最优结果上有比较相似的表现力，为更好地进行判别，统计了表 3.6 所示的两者的指标，进一步对比发现，新的 GFS 方案在各方面相对于 GF 方案的劣势太过明显，拥有更低的SCC，更明显的总降水量模拟误差，故确定 GF 方案为最优模拟选择。图 3.16 进一步反映了 WRF 模拟的三江源地区降水时间序列变化幅度对积云对流过程不敏感的事实，且经过优选后的参数化方案也更能表现出降水的日变化过程。经过参数化方案优选实验后，确定了 GF 方案在这些参数化方案中更能反映三江源地区降水的积云对流过程机制。

表 3.6 新的 GFS 方案与 GF 方案的评价指标对比

方案	评价指标			
	SCC	RMSE /（mm/月）	RE / %	RSD
新的 GFS 方案	0.823	36.008	8.600	1.043
GF 方案	0.829	30.113	−1.981	1.106

5）参数化方案优选实验综合对比分析

为更进一步说明 WRF 模式各物理过程参数化方案在三江源地区降水模拟的敏感性，将以上参数化方案优选实验的降水模拟提升过程进行了汇总，具体如图 3.17 和图 3.18 所示。根据图 3.17（a）～（f）可知，经过参数化方案优选实验，整体上长江源、黄河源出口及周边的湿偏得到了显著的改善，来自南方的水汽也明显逐渐地在提升过程中被很好地拦截在唐古拉山脉南侧和横断山脉地区造成更多的地形雨，和 CMFD 观测结果有更好的对应，源区内部的干偏也因此而逐渐显著；微物理过程的提升结果明显改善了唐古拉山脉南侧的降水模拟，阻止更多水汽翻越唐古拉山脉至源区内部，但其边界存在明显的动力降尺度扰动现象，说明与 UW 方案和 KF 方案的组合存在一定的摩擦，还有提升空间；积云对流过程则明显改善了上述不合理，不仅消除了边界扰动现象，也更真实地再现了横断山脉地区的地形雨，更逼近 CMFD 的观测结果；另外，可以明显观察到，总体降水偏差的量级有明显的改善，CTRL 的模拟存在大范围的极大偏差值（>40 mm），经过敏感性实验优选之后的模拟结果很明显改善了这一状况，减少了极大偏差值的出现，并扭转了模拟湿偏的现象；图 3.17（g）进一步证明了这一事实，可以看到 RE 的概率密度函数"对称轴"从 0 的右边逐渐移动到左边，极大湿偏差值的出现概率明显降低；图 3.17（h）各组实验的分布状况综合对比进一步反映降水模拟的空间分布、总降水量对微物理过程很敏感、对行星边界层过程不太敏感、对积云对流过程比较敏感，日变化波动幅度对微物理过程很敏感、对行星边界层过程比较敏感、对积云对流过程不太敏感的事实，各组实验的结果由分散逐渐集中的过程进一步反映参数化方案优选实验中降水模拟可见的提升效果的事实：空间相关系数从 0.640 提升至 0.829，均方根误差从 34.479 mm/月减少至 30.113 mm/月，总降水量的相对误差从 20.578%减少至-1.981%，标准差比从 1.156 减少至 1.106。图 3.18 反映出了参数化方案优选过程中日变化过程提升的

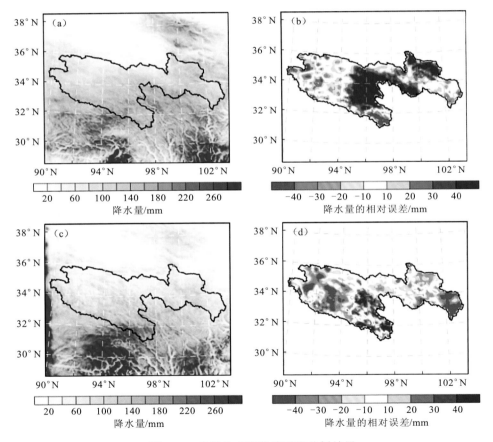

图 3.17　参数化方案优选对比分析结果

（a）～（f）为降水原始场和差值场，自上而下分别为 CTRL、WSM3＋UW、GF，
（g）为 RE 空间分布的概率密度函数，（h）为整个敏感性实验的泰勒图

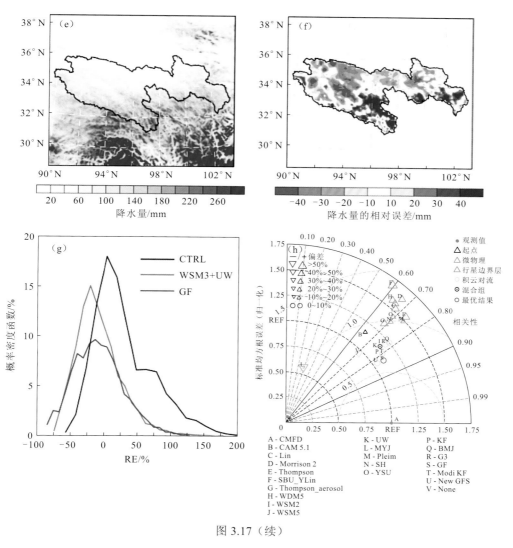

图 3.17（续）

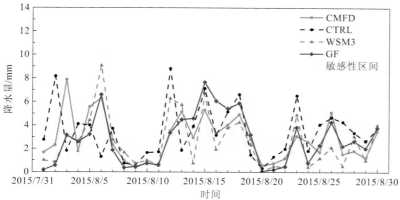

图 3.18　参数化方案优选日变化过程综合对比结果

效果，以及多物理过程的日变化过程波动区间，可以看到多物理过程对降水极小值的模拟（例如 8 月 20 日）具有相似性，但在降水极大值的模拟上往往呈现出各不相同的表现力。

3.2.2 基于 WRF 的三江源地区异常降水模拟

1. 异常降水的模拟方案

通过多物理过程方案的优选实验得到了最优的降水模拟参数化方案，结合降水模拟参数方案，可得到基于 WRF 的三江源地区典型异常降水的模拟方案，模式设定总结见表 3.7。

表 3.7　基于 WRF 的三江源地区典型异常降水的模拟方案

项目		说明
时间	预热期	2015 年 7 月 1~31 日
	模拟期	2015 年 8 月 1~30 日
	积分步长	135 s，27 s
驱动信息	驱动数据	ERA5（0.25°，1 h）
	降尺度方案	双层反馈嵌套动力降尺度
	嵌套层格点数	外层 99×99，内层 256×256
	垂直层	37 层
	模式顶层气压值	50 hPa
地图和模式分辨率	地图投影方式	兰勃特等积方位投影
	中心经纬度	34°N，97°E
	水平分辨率	27 km，5.4 km
最优的降水模拟参数化方案	微物理过程	WSM3
	行星边界层过程	UW
	积云对流过程	GF
	辐射传输过程	RRTM，Dudhia
	陆面过程	Noah LSM

2. 基于 WRF 的异常降水模拟结果

依据最优的降水模拟参数化方案进行模拟得到的结果如图 3.19 和图 3.20 所示，评价指标结果汇总于表 3.8。由图 3.19 可知，最优的降水模拟的湿偏和干偏与三江源地区的地形、海拔呈现出较强的关联性，在平均海拔高的沱沱河地区，最优的降水模拟在这里几乎没有表现出降水，黄河源东南侧、长江源出口和澜沧江出口地势较为平坦，呈现出比较明显的湿偏，表明最优的降水模拟着重体现了三江源地区低层的水汽，在海拔、地形的可分辨程度较高时，能更好地再现水汽穿过复杂地形时形成的地形雨，但这就可能低估了高层输送的水汽。可以看到源区北侧模拟干偏显著，一方面可能是最优的降水模拟强化了地形、海拔对南进水汽的拖曳效应，另一方面可能是低估了来自欧亚大陆西风带输送的高层水汽。值得注意的是，图 3.19（d）所示的 RE 空间概率密度函数在均值附

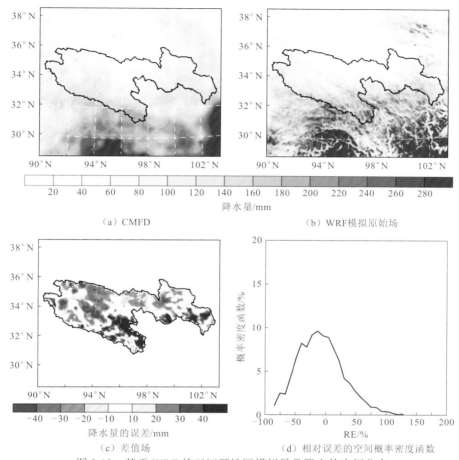

（a）CMFD　　　　　　　　　　　（b）WRF模拟原始场

（c）差值场　　　　　　　　　　（d）相对误差的空间概率密度函数

图 3.19　基于 WRF 的三江源地区模拟异常降水的空间分布

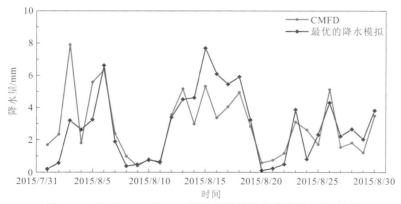

图 3.20　基于 WRF 的三江源地区异常降水模拟的时间序列

表 3.8　基于 WRF 的三江源地区异常降水模拟评价指标结果

模式	评价指标			
	SCC	RMSE /（mm/月）	RE/%	RSD
CTRL	0.829	30.113	−1.981	1.106

近的集中度不高、坦化明显，表明最优的降水模拟对降水量级在空间分布上的把握不稳定，尽管降低了极端值出现的概率，但是空间分布上的误差更为显著。再看图 3.17（g），能够发现在敏感性实验优选的过程中这种不确定性愈发明显。对比 CMFD，最优的降水模拟南侧降水尽管能够抓得住主要的空间分布，但是整体的干湿分界线更偏北，可能是最优的降水模拟对偏北风的模拟更弱，使得辐合区更靠北。对照图 3.17 可以看到，从 CTRL 到最优的降水模拟，整体上对干湿分界的改善并不明显，意味着整体上对偏北风的模拟都较弱。

综上所述，尽管最优的降水模拟参数化方案总体模拟效果有显著改善，但在 RE 空间分布、水汽辐合、偏北风和偏南风的模拟上仍然有较大的不确定性。这些不确定性与已确定的降水异常态仍有差别，很有可能是存在激发异常降水的因素未完全考虑到 WRF 降水模拟。因此，有必要进行异常降水的成因分析，确定激发降水异常态的可能因素及其影响机制，为进一步提高降水模拟提供思路。

3.3 三江源地区异常降水成因分析

3.3.1 海温信号

利用 ERA5 提供的逐月平均海面温度（sea surface temperature，SST）数据分析 2015 年 8 月南纬 30° 以北的海面温度异常，可以看到，赤道中东太平洋呈现显著的海面温度正异常，暖舌显著向西扩展至太平洋日界线，最大海面温度正距平中心偏离秘鲁沿岸向西移动，中心温度正距平已超 2 ℃，有明显的中部型厄尔尼诺（El Niño）特征。

为确认厄尔尼诺事件，使用气象区（weatherzone）提供的尼诺 3.4 指数进行厄尔尼诺事件判断[①]，如图 3.21 所示。根据美国气候预测中心界定厄尔尼诺事件的标准，尼诺 3.4 指数连续 5 个月超过 0.5 ℃定义为一次厄尔尼诺事件，并将其最大值超过 2 ℃的事件定义为超强厄尔尼诺事件。可以看到，2015～2016 年发生了超强厄尔尼诺事件，这一事件从 2014 年 5 月发展而来，在进入 2015 年后尼诺 3.4 区呈现快速而显著的增温，并在 2015 年 10 月达到峰值，2015 年 8 月恰好处在发展期的强盛阶段。

作为热带太平洋最显著的年际变化信号，厄尔尼诺事件的发生、发展和衰减都对全球大气环流有着深刻的影响。已有研究表明：厄尔尼诺发展期的夏季，西太平洋副热带高压偏弱，东亚夏季风偏弱，我国大部分地区异常降水偏少，低纬度地区为异常的偏西风水汽输送，向中国大陆的水汽输送强度很弱，只在东南沿海出现较弱的水汽辐合区；中部型厄尔尼诺西北太平洋上空以北为反气旋性、以南为气旋性的异常偶极子环流水汽输送，长江以南地区为异常的东北风水汽输送，表明西南风水汽输送带较常年偏南；在此背景下，青藏高原地区主要的水汽来源于西北太平洋北区的异常偏东风水汽输送，少

---

① https://www.weatherzone.com.au/climate/indicator_enso.jsp?c=nino34（2020-11-30）[2020-11-30]。

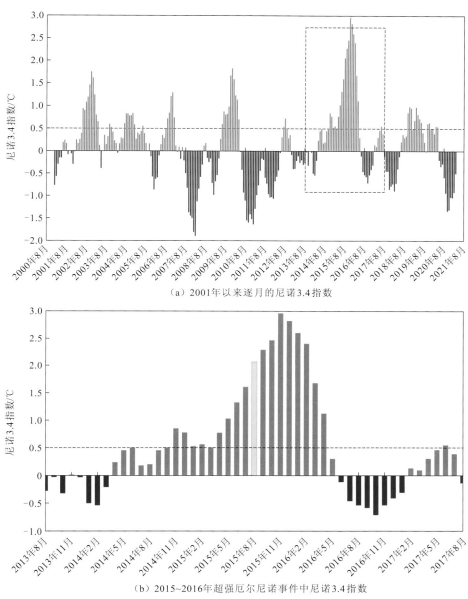

（a）2001年以来逐月的尼诺3.4指数

（b）2015~2016年超强厄尔尼诺事件中尼诺3.4指数

图 3.21　2001 年以来逐月的尼诺 3.4 指数

部分偏西风水汽输送到中国西北和青藏高原地区。前述分析的降水异常态事实与上述研究基本对应，即这一异常态可被强厄尔尼诺发展期对我国降水的影响解释。已有研究证实强厄尔尼诺年时南亚季风区环流系统强度偏弱，联系南亚夏季风强度指数显著偏弱的事实，以及青藏高原三江源地区夏季降水与南亚夏季风显著正相关的结论，可以推断 2015 年三江源地区降水异常态受 2015～2016 年强厄尔尼诺发展期海温异常外强迫所引发的气候变化影响。

3.3.2 大气环流因子

大规模的异常降水的发生和发展往往需要有利的大尺度环流背景，为此，对 2015 年 8 月北半球的大气环流异常进行分析，利用 ERA5 再分析月平均气压层高度场和风场数据。需要说明的是，三江源地区平均海拔 3 500 m，850 hPa 的高度未及三江源地区的地面高度，故在这里主要用于对 500 hPa 及 200 hPa 的结果进行辅助说明。北半球中高纬北大西洋至我国华北平原上空存在着明显的"正-负-正-负-正-负"异常波列结构，波罗的海正上空存在明显的正异常中心，乌拉尔山脉附近上空存在明显的负异常中心，贝加尔湖至鄂霍次克海上空的正异常与阿留申群岛上空的正异常相连，我国华北平原上空存在明显的大范围负异常，恰位于三江源地区的东部，这些异常在三江源地区海拔高度以上均可显著观察到，形成强大的大尺度正压结构。特别地，华北平原的强大气旋系统对三江源地区上空的环流异常很重要，它的存在使得来自西北太平洋的强气流辐合至华北平原，在气旋的西侧形成了强劲的偏北风，这一偏北风覆盖了整个三江源地区上空，拦截了南亚孟加拉湾-印度洋通道经"翻越—抬升"而来的水汽，从而使得降水动力条件不足。如果没有这个显著的气旋系统，那么来自西北太平洋的强气流将沿贝加尔湖-鄂霍次克海正异常南侧向乌拉尔山脉运动，喜马拉雅山脉西南侧的辐合区和水汽聚集区将可以向北发展跃入三江源地区南侧，便能带来更多有效降水。显然，华北平原的强大气旋系统是导致三江源地区降水异常态发生的关键因素。

为进一步确定引起 2015 年 8 月大气环流异常的能量频散源，采用波活动通量来分析准定常罗斯贝（Rossby）波的能量频散特征。波活动通量是行星波动能量传播的一种度量，可以诊断波传播和波流相互作用，对于定常罗斯贝波而言，在西风条件下，波活动通量的辐合代表波作用的集中，波活动通量的辐散代表波作用的输出，水平波活动通量能够表示出定常罗斯贝波的能量传播和源地。水平波活动通量（F_x, F_y）的计算方法根据 Takaya 和 Nakamura[227] 推导的计算公式：

$$F_x = \frac{p\cos\phi}{2|W_c|}\left\{\frac{u}{a^2\cos^2\phi}\left[\left(\frac{\partial\psi'}{\partial\lambda}\right)^2 - \psi'\frac{\partial^2\psi'}{\partial\lambda^2}\right] + \frac{v}{a^2\cos\phi}\left(\frac{\partial\psi'}{\partial\lambda}\frac{\partial\psi'}{\partial\phi} - \psi'\frac{\partial^2\psi'}{\partial\lambda\partial\phi}\right)\right\}$$

$$F_y = \frac{p\cos\phi}{2|W_c|}\left\{\frac{u}{a^2\cos\phi}\left(\frac{\partial\psi'}{\partial\lambda}\frac{\partial\psi'}{\partial\phi} - \psi'\frac{\partial^2\psi'}{\partial\lambda\partial\phi}\right) + \frac{v}{a^2}\left[\left(\frac{\partial\psi'}{\partial\lambda}\right)^2 - \psi'\frac{\partial^2\psi'}{\partial\lambda^2}\right]\right\}$$

式中：p 为计算层气压，hPa；W_c 为风场气候态；u 为纬向风的气候态，v 为经向风的气候态，m/s；ϕ 为纬度，λ 为经度，（°）；a 为地球半径，取 6 400 km；ψ' 为地转流函数，m²/s³，z 为位势高度，m²/s²，Ω_s 为地球自转速度，m/s，g 为重力加速度，取 9.81 m/s²。

利用 ERA5 再分析月平均位势高度和风场的气压层数据按式计算，可得到 200 hPa 的波活动通量，将波活动通量叠加在高度场距平上。可知，波活动通量的分布与北大西洋至我国华北平原的"正-负-正-负-正-负"波列高度一致，箭头指示出罗斯贝波传播方向；罗斯贝波从北大西洋发出，沿大圆路径东传，途径波罗的海正异常、乌拉尔山脉负异常、贝加尔湖-鄂霍次克海正异常，在乌拉尔山脉西侧产生分支向华北平原传播，具有明显的夏季欧亚遥相关特征。沿华北平原负异常向上追溯，可以发现这支罗斯贝波上游存在两个明显的频散源：一个是北大西洋正异常中心；另一个是波罗的海正异常中心。对比大气环流可以看到，西北大西洋上纬向的强烈的"正-负"海温异常偶极子与其上空的纬向"正-负"高度场异常偶极子对应；另外，波罗的海北侧存在明显的海温正异常，这可能与 8 月北极海冰异常减少有关。分析 2015 年 8 月海冰距平场可知，北极发生显著的海冰减少异常，对应 200 hPa 高度场可以看到，海冰减少大值区东经 0～30° 附近出现了显著的高度场正异常。

由此可判断，北大西洋海温异常、北极海冰锐减导致极地海温异常共同驱动引发了高层大气环流异常，北大西洋正异常和波罗的海正异常为能量频散源，激发遥相关罗斯贝波列沿大圆路径东传，将异常传递至华北平原形成强大正压气旋系统结构，与北侧贝加尔湖-鄂霍次克海强大的反气旋系统配合，使得三江源地区受强大的偏北风控制，阻挡亚洲季风贡献的水汽，极不利于降水的形成。

本小节基于 WRF 模式的高分辨率降水模拟未能考虑海温的持续变化过程，即在长时间模拟过程中未能准确描述海温强迫对大气环流造成的大尺度海-气相互作用。根据上述分析，无论是强事件发展期，还是北大西洋、极地海温异常，海温异常强迫所引发的大气环流异常对本次降水异常态都有非常明显的影响。因此，WRF 模式降水模拟的不确定性可能来自未考虑海温强迫所带来的大尺度影响。

3.4　本章小结

本章诊断了气候变化影响下的典型降水异常态，针对降水异常设计了高分辨率降水模拟多物理过程敏感性实验，利用 ERA5 再分析数据驱动区域气候模式 WRF 依次开展微物理过程、行星边界层过程和积云对流过程的降水模拟敏感性分析，根据各实验结果评价指标的表现选出高分辨率降水模拟最佳的物理过程参数化方案组合，基于 WRF 的三江源地区异常降水模拟结果，为确定影响模拟效果的主要不确定性因素，对降水异常态进行了气象成因分析。主要内容和结论如下。

（1）从水汽、降水时间变化序列确定降水显著异常时间点，综合分析显著异常的降水空间分布、水汽输送特征及季风指数来诊断气候变化影响下的典型降水异常态，指出 2015 年夏季为显著偏干异常时间点，从大尺度降水距平、水汽传输态来进一步诊断降水异常态，发现降水空间分布在大尺度范围较气候态偏干，水汽传输状况、大值区及辐合区、亚洲季风较气候态不利于三江源地区降水形成。

（2）设计了一套敏感性实验方案，给出合理的 ERA5 驱动 WRF 进行高分辨率动力降尺度降水模拟的控制组方案，模拟效果在空间相关系数、均方根误差、相对误差、标准差比和时间序列的表现上都较好，具有代表性。

（3）多物理过程敏感性实验结果显示：微物理过程各实验结果较为分散，行星边界层过程各实验结果表现力相当，积云对流过程各实验结果比较集中，表明降水模拟的空间分布、总降水量对微物理过程很敏感、对行星边界层过程不太敏感、对积云对流过程比较敏感，日变化波动幅度对微物理过程很敏感、对行星边界层过程比较敏感、对积云对流过程不太敏感，多物理过程对降水极小值的模拟具有相似性，对降水极大值的模拟呈现出不同的表现力。

（4）经过敏感性实验的评估筛选后，降水模拟效果逐渐提升至最优模拟，日变化过程也更逼近于 CMFD，有效改善了降水模拟湿偏。通过多物理过程敏感性实验，确定了 WSM3 方案、UW 方案、GF 方案的物理过程参数化方案组合能够得到综合表现更优的高分辨率降水模拟，可用于进行降水异常态的高分辨率模拟及分析。

（5）最优模拟总体效果在相对误差空间分布、水汽辐合、偏北风和偏南风的模拟上仍然有较大的不确定性，这些不确定性与已确定的降水异常态仍有差别，很有可能是存在激发异常降水的因素未完全考虑到 WRF 降水模拟中。

（6）异常降水的气象成因分析表明：强厄尔尼诺事件发展期海温异常导致水汽输送、亚洲夏季风较气候态出现显著异常，使得三江源地区降水动力条件不足；北大西洋纬向海温偶极子、北极海冰锐减引发了高层大气环流异常，在华北平原形成强大正压气旋系统，与北侧贝加尔湖-鄂霍次克海的反气旋系统配合，阻挡亚洲季风贡献的水汽，极不利于降水的形成。基于 WRF 模式的高分辨率降水模拟未能考虑海温的持续变化所引发的大尺度环流异常可能是异常降水模拟不确定性的主要来源。

第 *4* 章

三江源径流时空演变及归因

4.1 三江源降水与气温时空演变规律

4.1.1 极点对称模态分解方法

极点对称模态分解方法（ESMD 方法）是著名的希尔伯特-黄变换（包括经验模态分解 EMD 和希尔伯特谱分析）的新发展，该方法保留了经验模态分解方法优点的同时，将经验模态分解方法的外包线插值改为内部极点对称插值，降低了由插值带来的不确定性；通过极点对称模态分解方法的频率分布图，可以清晰地反映各模态的频率分布情况，能够解决经验模态分解方法"模态混叠"的问题。目前，极点对称模态分解方法已成功应用在生命科学、机械工程、地震学等领域。

具体计算步骤如下。

（1）找出径流序列极点的中点。输入径流序列 $x(t)$，设定最大筛选次数 K 和剩余极点数 l，找出径流序列 $x(t)$ 中的所有极点，记为 E_i $(1 \leq i \leq n)$，$E_i(t_i, x_i)$；用线段将相邻极点连接起来，依次将线段中点记为 $F_i[1 \leq i \leq (n-1)]$，补充左、右边界中点 F_0，F_1，则有

$$F_i = \left(\frac{t_{i+1} + t_i}{2}, \frac{x_{i+1} - x_i}{2} \right) \tag{4.1}$$

（2）构造插值曲线。通过所获取的 $n+1$ 个中点，作两条插值曲线，分别记作 L_1 和 L_2。L_1 为奇序数的中点通过三次样条插值生成，L_2 为偶序数的中点通过三次样条插值生成，计算均值曲线 L^*：

$$L^* = (L_1 + L_2) / 2 \tag{4.2}$$

（3）模态分解第一个分量。对序列 $[x(t) - L^*]$ 重复步骤（1）～（2），直到 $|L^*| \leq \varepsilon$ 或者达到设定的最大筛选次数 K，其中 ε 是预先设定的允许误差，此时分解得到第一个模态分量 $M_1(t)$。

（4）模态分解的其余分量。对序列 $[x(t) - M_1(t)]$ 重复步骤（1）～（3），便可以依次得到 $M_2(t)$，$M_3(t)$，…，直到趋势余项 $R(t)$ 符合预先设定的剩余极点数 l，其中趋势余项 $R(t)$ 通常称为自适应全局平均（adaptive global mean，AGM）曲线。

（5）计算方差比率。给定最大筛选次数 K 的取值范围在整数区间 $[k_{min}, k_{max}]$ 内，计算方差比率 G，记径流序列 $x(t) = \{x_t\}_{t=1}^N$，趋势余项 $R(t) = \{r_t\}_{t=1}^N$，σ 和 σ_0 分别是 $x(t) - R(t)$ 的相对标准差和径流序列 $x(t)$ 的标准差，则有

$$\bar{x}(t) = \frac{1}{N} \sum_{t=1}^N x_t \tag{4.3}$$

$$\sigma_0^2 = \frac{1}{N}\sum_{t=1}^{N}[x_t - \overline{x}(t)]^2 \tag{4.4}$$

$$\sigma^2 = \frac{1}{N}\sum_{t=1}^{N}(x_t - r_t)^2 \tag{4.5}$$

其中，当 G 最小时，则意味着去掉趋势余项 $R(t)$ 的时间序列和原始径流序列 $x(t)$ 最接近，即分解结果最好。

（6）确定最佳的模态分解结果。画出方差比率随 K 的变化图，从中挑选出最小方差比率对应着的最大筛选次数 K_0，此时的 $x(t)$ 为径流序列的最佳拟合曲线，在 K_0 下重复步骤（1）～（5），得到最佳分解结果。分解得到的各模态分量和趋势余项 $R(t)$ 重构即可得到原始径流序列，可表示为

$$x(t) = \sum M_q(t) + R(t) \tag{4.6}$$

（7）趋势变化特征分析。AGM 曲线受剩余极点个数 l 的影响，l 越大，AGM 曲线波动越大，与原始径流序列的拟合程度越高。但是 l 的过度增大会导致分解得到的模态分量个数变少，从而得到的径流周期变化特征可能不全面。由于 ESMD 方法得到的模态分量反映了不同模态下的变化趋势，AGM 曲线反映的是径流序列的总体趋势，二者均反映了径流序列的变化趋势，所以，不用一味追求 AGM 曲线与原始径流序列的拟合程度高。在确保得到的周期规律全面的情况下，兼顾保证 AGM 曲线可以准确地反映径流序列的总体趋势变化，不断地调整剩余极点个数，找到最佳分解结果，根据 AGM 曲线变化掌握径流的趋势变化规律。

（8）周期变化特征分析。利用快速傅里叶变换（fast Fourier transform，FFT）周期图法计算出 ESMD 分解得到的不同频率模态分量的功率谱，根据幅值的大小获得径流信号的频率，从而计算出各模态分量的平均周期，掌握径流序列不同时间尺度的周期变化特征。

功率谱可用 $\hat{P}_N(\omega)$ 表示为

$$\hat{P}_N(\omega) = \frac{1}{N}\left|O_N(\omega)\right|^2 \tag{4.7}$$

$$O_N(\omega) = \sum_{v=0}^{N-1} O_N(v)\mathrm{e}^{-\mathrm{j}wv} \tag{4.8}$$

式中：N 为径流样本的总数；$O_N(v)$ 为能量有限信号；$O_N(\omega)$ 为 $O_N(v)$ 傅里叶变换的频域值；v 为随机的模拟信号；ω 为傅里叶变换的信号频率。

（9）时频分析的时间-振幅变化曲线。对由 ESMD 方法分解出的内部奇-偶极点对称或外包络对称的模态取其上包络线得到时间-振幅变化曲线；其他形式的对称，先对模态对应的数值取绝对值，再由极大值点通过插值生成上下包络线，得到时间-振幅变化曲线，其中振幅函数记为 $A(t)$。

（10）时频分析的时间-频率变化曲线。找出径流序列 $x(t)$ 中的所有极点，记为 E_i（$1 \leqslant i \leqslant n$），模态分量的第一个点对应的函数值 $B_1 = PQ$ 和瞬时振幅 $A_1 = \overline{PR}$ 的比值取反正弦生成相位角：

$$\theta_1 \leqslant AOB = \arcsin\left(\frac{\overline{PQ}}{\overline{PR}}\right) = \arcsin\left(\frac{B_1}{A_1}\right) \tag{4.9}$$

按照式（4.9）依次计算，$2 \leqslant t \leqslant E_1$ 的点的相位角：

$$\theta_t = \pi - \arcsin\left(\frac{B_1}{A_1}\right) \quad (E_1 < t < E_2) \tag{4.10}$$

$$\theta_t = 2\pi - \arcsin\left(\frac{B_1}{A_1}\right) \quad (E_2 < t < E_3) \tag{4.11}$$

以此类推，每增加两个极点，相位增加 2π。根据上述所得的相位角相对于 2 倍时间步长 ΔC 取中心差商计算以赫兹（Hz）为单位的瞬时频率：

$$f_t = \frac{\theta_{t+1} - \theta_{t-1}}{4\pi\Delta C} \quad (2 < t \leqslant n-1) \tag{4.12}$$

并通过线性插值方法补充左、右边界值：

$$f_1 = 2f_2 - f_3 \tag{4.13}$$

$$f_n = 2f_{n-1} - f_{n-2} \tag{4.14}$$

根据瞬时频率得到时间-频率变化曲线。

（11）突变特征分析。根据时间-振幅和时间-频率变化曲线，得到各模态频率与振幅的时变图，研究径流序列的突变特征。

（12）径流诊断改进。然而将该方法应用于径流序列分析时，径流数据虽然具有较强的周期性，但在每半个周期上并不关于局部中点对称，已有的 ESMD 方法不仅不能客观代表数据的趋势，反而会产生较大的误差。对 ESMD 方法进行改进，将不具备代表性的中点替换为能反映每半个周期数据情况的局部均值后，就可以用来对径流时空演变规律进行分析。此时每半个周期内的数据全部相加后除以相应的个数，即为局部均值。这时得到的 AGM 曲线设为 $R' = \{r_i'\}_{i=1}^N$，设求得与原始数据 $Y = \{y_i\}_{i=1}^2$ 的方差为

$$\sigma'^2 = \frac{1}{N}\sum_{i=1}^{N}(y_i - r_i')^2 \tag{4.15}$$

标准差比率为

$$v' = \frac{\sigma'}{\sigma_0} \tag{4.16}$$

4.1.2 趋势分析

图 4.1 运用 ESMD 方法对三江源地区降水序列进行时间尺度的分解后得到降水的趋势余项，即自适应全局平均曲线。从图中可以看出，黄河源降水在整个时间尺度经历了缓慢上升—缓慢下降—缓慢上升的过程，可以预测黄河源降水量在短期内仍将呈现波动上升的趋势；长江源地区降水量以 1990 年前后为节点，在 1990 年以前降水呈现非线性的逐渐下降的趋势，1990 年以后降水量则呈现显著性上升趋势，可以预测长

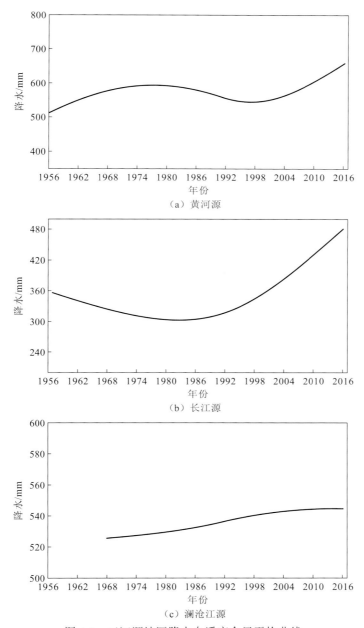

（a）黄河源

（b）长江源

（c）澜沧江源

图 4.1　三江源地区降水自适应全局平均曲线

江源降水量在短期内仍将处于增加的趋势；澜沧江源降水与其他地区不同，在整个降水时间尺度内一直维持缓慢上升的趋势，可以预测在短期内也将继续保持这种缓慢上升的趋势。

图 4.2 是运用 ESMD 方法对最高温度和最低温度的时间序列进行模态分解后得到趋势余项，用其来表征温度时间序列的趋势变化。从图 4.2（a）中可以看出：黄河源最高温度在整个时间尺度范围内维持着一个相对稳定的状态，变化趋势不明显，最低温度的

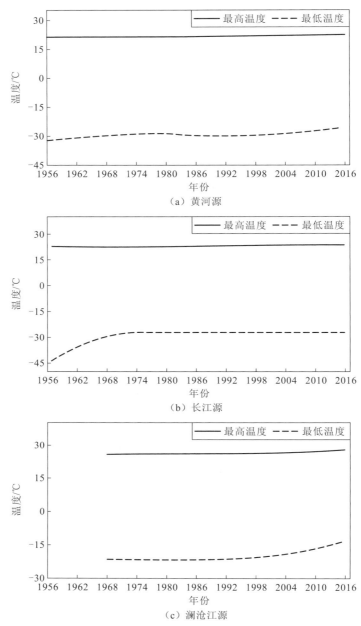

图 4.2　三江源地区温度自适应全局平均曲线

变化趋势也不明显；长江源最高温度在整个时间尺度内维持在一个稳定的状态，最低温度在 1968 年以前经历一段时间的显著增温时期，之后也趋于稳定[图 4.2（b）]；澜沧江源最高温度同样地在整个时间尺度上保持稳定，最低温度在 2000 年之前变化趋势不明显，但在此之后该地区的最低温度逐渐上升[图 4.2（c）]。因此，可以预测三江源整个地区最高温度将在未来一段时期内仍然保持着稳定的状态，最低温度除了澜沧江源会呈现非线性的逐渐上升趋势，其他地区变化幅度较小。

4.1.3　突变分析

降水时间序列通过 ESMD 的时频分析得到各个模态分量的频率与振幅时变图,该图直观地体现了降水时间序列分解得到的各模态分量振幅与频率的时变性,通过判断图中低频、高振幅或高频、低振幅震荡时刻(局部极值),表明分解得到的模态中存在异常时刻和频段,从而判断此刻的时间序列发生突变。从图 4.3 可以看出黄河源降水时间序列共有 4 幅振幅-频率图(当极值点数小于 5,求解振幅-频率没有意义),黄河源降水在整个时间尺度内发生了 3 次突变,分别对应 1963 年(高振幅、低频率)、1973 年(低振幅、高频率)、1979 年(高振幅、低频率)。

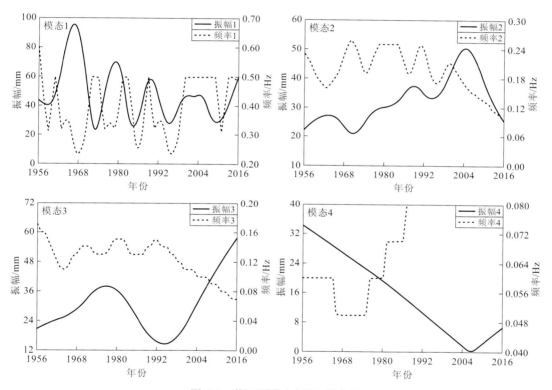

图 4.3　黄河源降水振幅-频率图

从图 4.4 中可以看出,通过 ESMD 时频分析长江源降水时间序列一共得到 4 幅振幅-频率图,4 个突变时段,分别为 1964 年(低振幅、高频率)、1970 年(高振幅、低频率)、1981 年(低振幅、高频率)、1993 年(低振幅、高频率)。

从图 4.5 可以看出,通过 ESMD 时频分析得到澜沧江源降水时间序列一共得到 3 幅振幅-频率图,其中一个模态的极值点数小于 5,不进行时频分析,澜沧江源一共得到 3 个突变点,分别为 1978 年(高振幅、低频率)、1993 年(高振幅、低频率)、2004 年(低振幅、高频率)。

从图 4.6 黄河源最高/最低温度振幅-频率图中可以看出,经过 ESMD 时频分析后,

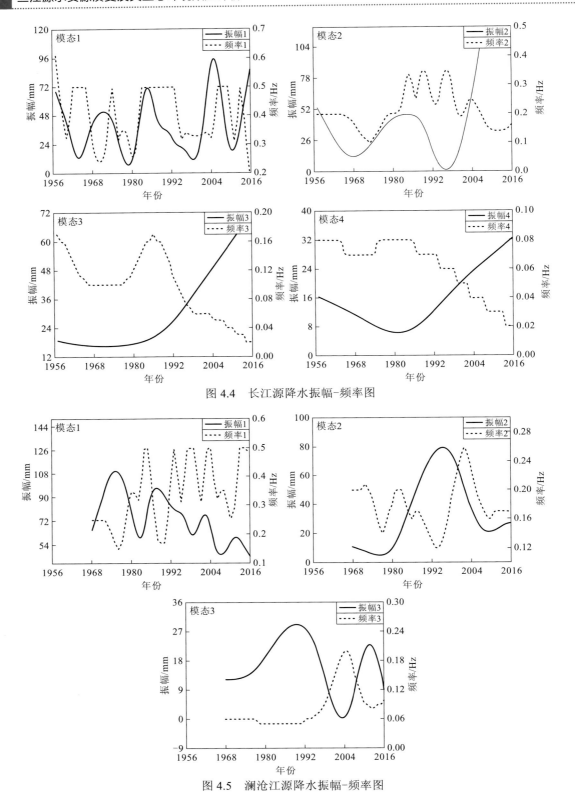

图 4.4　长江源降水振幅-频率图

图 4.5　澜沧江源降水振幅-频率图

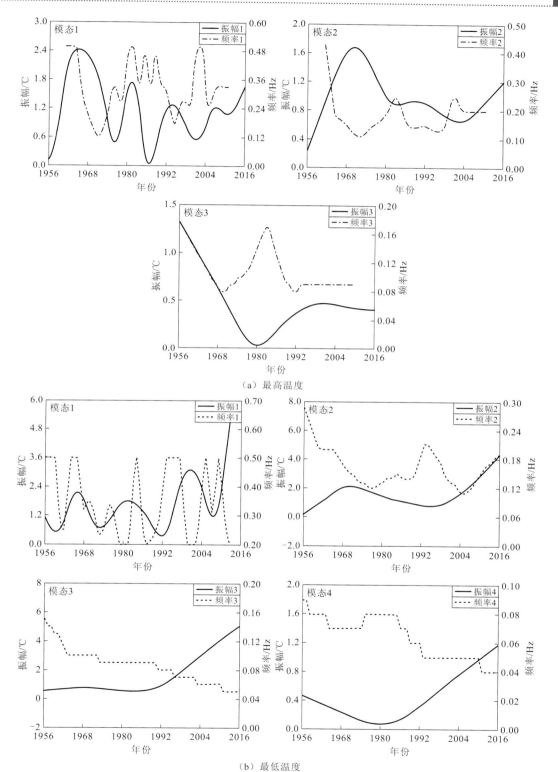

（a）最高温度

（b）最低温度

图 4.6　黄河源最高/最低温度振幅-频率图

最高温度得到 3 幅振幅-频率图，而最低温度则有 4 幅振幅-频率图，其中最高温度仅在 1976 年（低振幅、高频率）发生了突变。黄河源最低温度在整个时间尺度上，出现了 2 次突变，分别为 1980 年（低振幅、高频率）、2000 年（高振幅、低频率）。

从图 4.7 长江源最高/最低温度振幅-频率图中可以看出，通过时频分析以后最高温度分解得到 4 幅振幅-频率图、最低温度分解得到 3 幅振幅-频率图，其中最高温度存在有 5 个突变点，低振幅、高频率有 3 个突变点，分别为 1966 年、1977 年、1999 年，高振幅、低频率有 2 个突变点，分别为 1991 年、2009 年；最低温度时间序列存在 1981 年低振幅、高频率这 1 个突变点。

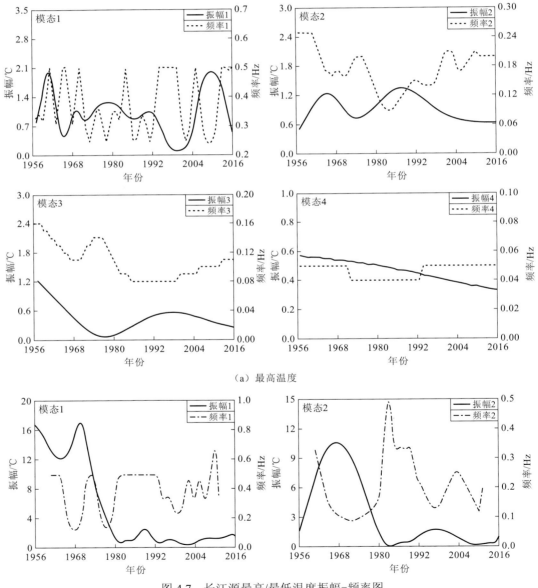

图 4.7   长江源最高/最低温度振幅-频率图

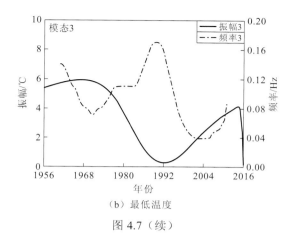

（b）最低温度

图 4.7（续）

　　从图 4.8 澜沧江源最高/最低温度振幅-频率图中可以看出，经过 ESMD 时频分析后，最高温度有效振幅-频率图有 3 幅，最低温度有效振幅-频率图有 4 幅，从各自的图中可以看出：澜沧江源最高温度存在 2001 年低振幅-高频率这 1 个突变点；最低温度时间序列存在 2 个低振幅-高频率的突变点，分别为 1988 年和 2005 年。

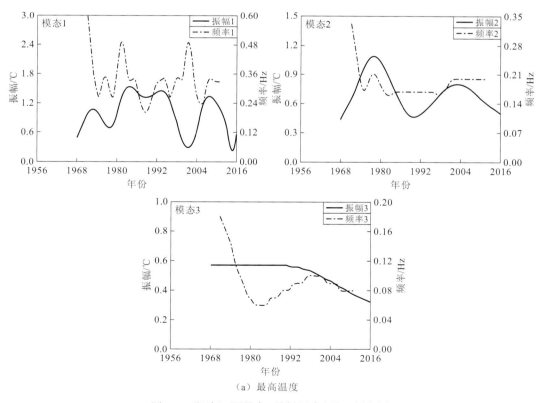

（a）最高温度

图 4.8　澜沧江源最高/最低温度振幅-频率图

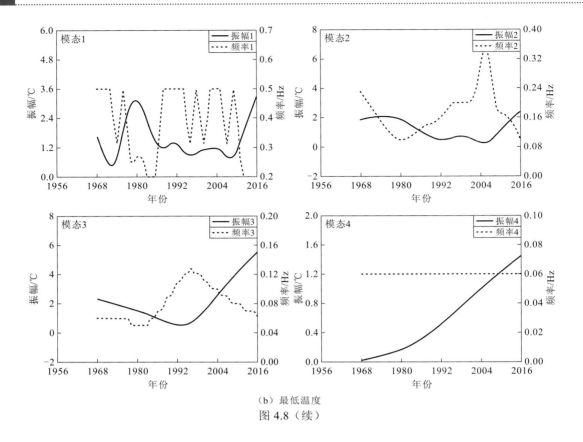

（b）最低温度

图 4.8（续）

4.1.4 周期分析

通过 ESMD 方法将三江源地区的降水、气温时间序列分解得到 n 个模态和趋势余项，每个模态各自都具有独立的代表性，不会在同时刻出现时间尺度相同的振荡表性，且每个模态分量一般都具有物理意义，它们各自反映了原序列中固有的不同特征尺度的振荡。为解析时间序列固有的不同特征尺度的振荡，利用周期图法估算各个分解模态的平均周期，进而将每种尺度信号波动频率和振幅对原数据总体特征影响用方差贡献率表示出来。

三江源地区的降水序列不同模态对应着 1 个周期。黄河源降水时间序列存在 3a、5a、8a、15a 左右周期性变化，长江源降水时间序列存在 3a、5a、10a、16a 左右周期性变化，澜沧江源降水时间序列存在 3a、6a、12a 左右周期性变化，可以看出三江源地区的降水存在着 3a、5a 左右的相同周期性变化特征，见表 4.1。

表 4.1　三江源地区降水时间序列周期　　　　　　　　　　（单位：a）

模态分量	模态 1	模态 2	模态 3	模态 4
黄河源	3	5	8	15
长江源	3	5	10	16
澜沧江源	3	6	12	—

三江源地区温度同降水一样，存在着 3a、5a 左右的周期性变化特征，每个地区最高温度和最低温度的周期性变化特征基本一致，三江源整个地区的温度的周期性变化也基本是一致，见表 4.2。

表 4.2　三江源地区最高/最低温度周期　　　　　　　　（单位：a）

模态分量	温度	模态 1	模态 2	模态 3	模态 4
黄河源	最高温度	3	6	10	—
	最低温度	3	6	12	16
长江源	最高温度	3	6	9	21
	最低温度	3	5	10	—
澜沧江源	最高温度	3	5	11	—
	最低温度	3	6	13	17

4.2　三江源土地利用时空变化特征

4.2.1　土地利用转移矩阵及动态度

土地利用转移矩阵来源于系统状态与状态转移的定量描述,可以直观地反映土地利用类型变化的转化量、结构特征及转移方向,其数学形式如下:

$$\boldsymbol{S}_{ij}=\begin{bmatrix} S_{11} & S_{12} & \ldots & S_{1n} \\ S_{21} & S_{22} & \ldots & S_{2n} \\ \vdots & \vdots & & \vdots \\ S_{n1} & S_{n1} & \cdots & S_{nn} \end{bmatrix} \tag{4.17}$$

式中：$\boldsymbol{S}_{ij}$ 为研究初期 i 类土地利用类型到研究末期转为 j 类土地利用类型的面积,km^2；n 为土地利用类型。转移矩阵的每行数值总和表示研究初期该土地利用类型的总面积,代表该土地类型的转移去向和大小；每列数值总和表示研究末期该土地类型的总面积,代表该土地类型的所有转入类型及大小。

土地利用动态度模型分为单一动态度（K）和综合动态度（LC）,可定性和定量地描述土地利用的变化速率。主要使用 K 来衡量某种具体土地利用类型在一定时间内的变化速度和幅度。计算公式如下:

$$K=\frac{U_{bi}-U_{ai}}{U_{ai}}\times\frac{1}{T}\times100\% \tag{4.18}$$

式中：U_{ai}、U_{bi} 分别为研究初期和研究末期土地利用类型 i 的面积,km^2；T 为研究时长。

4.2.2 土地利用空间分布

土地利用类型按照一级类型分类。如图4.9、图4.10所示，三江源地区1980～2015年土地利用分布，从多年的土地利用类型可知草地一直是三江源地区优势土地利用类型，分布范围最广，其中主要以长江源东南部与澜沧江源接壤的位置、黄河源西部分布得最多，并且随着时间变化草地面积有增加的趋势。未利用土地（主要包括沙地、戈壁、盐碱地等）分布次之，其遍布三江源地区的每一个地方。水域包括河渠、湖泊、水库坑塘、永久性冰川雪地等，三江源地区冰川湖泊众多，主要分布在长江源的西部、黄河源的东西部。建设用地类型在三江源地区分布最少，黄河源的中部、澜沧江源的南部分布较为集中，但占比极小。

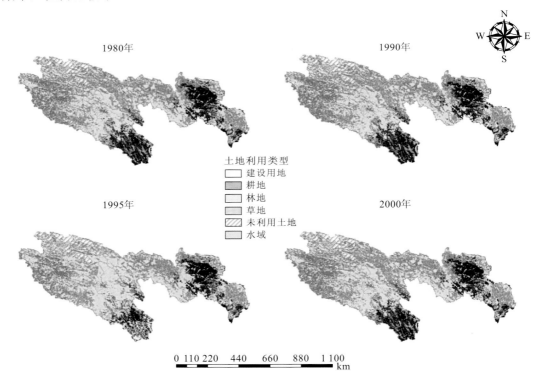

图4.9 1980～2000年三江源地区土地利用面积变化特征

1980～2015年三江源地区土地利用面积变化见表4.3，其中：三江源地区建设用地多年变化相对稳定，面积总体维持在流域总面积0.02%左右；耕地类型根据多年平均来看，约占总面积的0.25%，其面积变化相对稳定；林地面积的多年平均占总面积的5.02%，并且在2005年以后林地的面积有明显增加，近乎增加1%的面积；草地是三江源地区的优势土地利用类型，根据多年土地利用变化情况来看，草地类型平均占总面积的71.54%，并且在2010年以后其面积呈现明显的增长；未利用土地类型在2005年其面积呈现增长的趋势，在此之后面积开始减少，减少至 16.62%，这也意味着三江源地区越来越多的未利用土地被开发使用；水域面积在 1995 年以前呈现减少的变化趋势，1995 年以后呈现逐渐增加的趋势，水域类型平均占总面积的 3.93%。

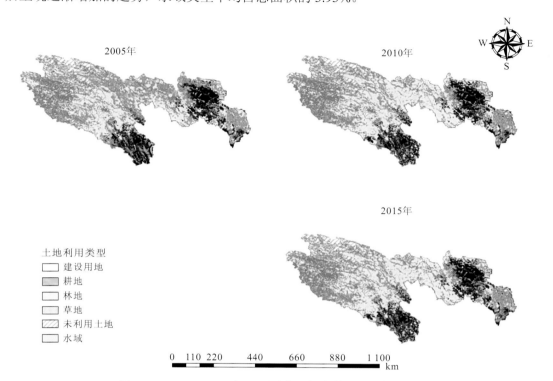

图 4.10　2005～2015 年三江源地区土地利用面积变化特征

表 4.3　1980～2015 年三江源地区土地利用面积变化

年份	项目	土地利用类型					
		建设用地	耕地	林地	草地	未利用地	水域
1980	面积/km²	63.82	706.81	15 629.22	231 946.40	68 867.93	13 029.02
	占比/%	0.02	0.21	4.73	70.24	20.85	3.95
1990	面积/km²	61.28	709.94	15 647.13	231 877.76	68 956.76	12 990.18
	占比/%	0.02	0.21	4.74	70.21	20.88	3.93
1995	面积/km²	62.45	608.88	16 038.53	244 333.10	57 850.68	11 350.81
	占比/%	0.02	0.18	4.86	73.99	17.52	3.44
2000	面积/km²	66.90	766.16	15 628.59	231 809.08	69 113.45	12 859.80
	占比/%	0.02	0.23	4.73	70.19	20.93	3.89
2005	面积/km²	71.90	795.50	15 653.01	231 095.38	69 689.21	12 939.41
	占比/%	0.02	0.24	4.74	69.98	21.10	3.92

年份	项目	土地利用类型					
		建设用地	耕地	林地	草地	未利用地	水域
2010	面积/km²	110.40	1 162.40	18 735.77	241 414.00	55 100.09	13 721.89
	占比/%	0.03	0.35	5.67	73.10	16.68	4.16
2015	面积/km²	155.67	1 154.43	18 742.23	241 331.11	54 895.20	13 963.08
	占比/%	0.05	0.35	5.68	73.08	16.62	4.23
多年平均/%		0.02	0.25	5.02	71.54	19.22	3.93

4.2.3 土地利用动态度分析

三江源地区土地利用类型动态度见表4.4。三江源地区建设用地的动态度自1990年以后就持续为正,且增加速率逐渐扩大,但总面积较小;耕地动态度变化较大,除1990~1995年有较为明显的逆向变化,之后正向变化更为明显,在2015年前后这种正向变化减弱;林地的动态度变化在2000年处于动态稳定,在2000年以后呈现缓慢增长的变化趋势;草地的动态度变化一直处于较低水平;未利用土地的动态度变化复杂,总的来说未利用土地面积是在减少;水域在1995年以后呈现正向的动态变化。总体来说,三江源地区1980~1990年土地利用动态变化不显著,之后的每一段时期的土地利用动态变化都很明显。

表 4.4   三江源地区土地利用类型动态度   (单位:%)

土地利用类型	1980~1990 年	1990~1995 年	1995~2000 年	2000~2005 年	2005~2010 年	2010~2015 年
建设用地	-0.40	0.38	1.43	1.50	10.71	8.20
耕地	0.04	-2.85	5.17	0.77	9.22	-0.14
林地	0.01	0.50	-0.51	0.03	3.94	0.01
草地	0.00	1.07	-1.03	-0.06	0.89	-0.01
未利用土地	0.01	-3.22	3.89	0.17	-4.19	-0.07
水域	-0.03	-2.52	2.66	0.12	1.21	0.35

4.2.4 土地利用转移分析

根据收集到的多期土地利用类型数据,将三江源地区流域多期土地利用类型数据划分为1980~1990年、1990~1995年、1995~2000年、2000~2005年、2005~2010年、2010~2015年共6个阶段,基于ArcGIS进行2个阶段土地利用类型的转移矩阵分析,结果见表4.5~表4.10:其中1980~1990年土地利用类型间相互转移变动较小,土地利用类型间的相互转移面积远低于100 km²,其中转移幅度最大的是草地向未利用土地的转移,使得未利用土地增加了86.94 km²。

表 4.5　1980～1990 年三江源地区土地利用转移矩阵　　　（单位：km²）

土地利用类型	建设用地	耕地	林地	草地	未利用土地	水域
建设用地	61.12	0.00	0.00	2.70	0.00	0.00
耕地	0.00	706.43	0.05	0.29	0.00	0.03
林地	0.00	0.04	15 624.31	4.68	0.14	0.05
草地	0.16	3.43	6.43	231 847.21	86.94	2.24
未利用土地	0.00	0.01	0.14	15.85	68 848.31	3.66
水域	0.00	0.04	16.21	7.03	21.54	12 984.20

表 4.6　1990～1995 年三江源地区土地利用转移矩阵　　　（单位：km²）

土地利用类型	建设用地	耕地	林地	草地	未利用土地	水域
建设用地	50.38	2.87	0.60	6.39	1.02	0.03
耕地	3.53	447.98	70.53	170.18	10.93	6.78
林地	0.14	8.72	12 042.10	3 281.11	313.60	1.46
草地	3.00	142.77	3 582.26	217 838.60	10 100.50	210.63
未利用土地	4.10	3.07	301.31	22 240.51	46 245.93	165.26
水域	1.30	3.47	41.72	796.32	1 180.72	10 966.66

表 4.7　1995～2000 年三江源地区土地利用转移矩阵　　　（单位：km²）

土地利用类型	建设用地	耕地	林地	草地	未利用土地	水域
建设用地	51.55	3.69	0.13	2.01	3.90	1.16
耕地	3.50	451.70	8.17	139.25	3.08	3.18
林地	0.62	75.14	12 052.65	3 565.20	301.38	43.53
草地	9.86	217.09	3 251.22	217 738.17	22 387.34	729.42
未利用土地	1.27	11.86	314.28	10 110.52	46 237.09	1 176.84
水域	0.10	6.68	2.13	253.94	182.30	10 905.67

表 4.8　2000～2005 年三江源地区土地利用转移矩阵　　　（单位：km²）

土地利用类型	建设用地	耕地	林地	草地	未利用土地	水域
建设用地	66.18	0.12	0.05	0.51	0.02	0.02
耕地	0.54	754.88	0.38	9.79	0.16	0.42
林地	0.20	0.39	15 527.33	96.45	3.28	0.94
草地	4.69	39.35	120.72	230 652.68	935.78	55.86
未利用土地	0.26	0.16	3.51	296.76	68 733.93	79.54
水域	0.03	0.60	1.02	39.19	16.35	12 802.61

表 4.9 2005～2010 年三江源地区土地利用转移矩阵 （单位：km²）

土地利用类型	建设用地	耕地	林地	草地	未利用土地	水域
建设用地	66.92	0.74	0.47	2.17	0.06	1.52
耕地	2.43	678.62	40.35	68.82	0.27	5.01
林地	0.33	51.09	14 373.63	1 125.58	54.62	47.77
草地	36.60	401.04	4 031.97	221 980.77	4 290.35	354.65
未利用土地	4.06	22.43	268.10	18 122.63	50 691.42	584.19
水域	0.06	8.48	21.25	114.03	66.83	12 728.76

表 4.10 2010～2015 年三江源地区土地利用转移矩阵 （单位：km²）

土地利用类型	建设用地	耕地	林地	草地	未利用土地	水域
建设用地	103.75	0.64	0.24	4.69	0.51	0.56
耕地	6.99	1 134.27	5.87	9.95	0.40	4.92
林地	0.96	5.94	18 413.71	292.63	17.64	4.89
草地	39.05	10.75	300.11	240 463.84	386.76	213.49
未利用土地	3.99	0.40	12.99	395.13	54 399.07	291.68
水域	0.93	2.42	9.30	164.87	96.82	13 447.54

从表 4.6 可以看出 1990～1995 年三江源地区土地利用类型间转移较为明显，其中以林地与草地间的相互转移、草地与未利用土地间的相互转移最为明显，但是林地与草地间的相互转移保持动态平衡，总量基本没变。而草地与未利用土地间的相互转移，使得草地增加了 12 140.01 km²。

1995～2000 年三江源地区土地利用转移矩阵见表 4.7。与上阶段转移相同，转移变幅较大的依然是林地与草地、草地与未利用土地之间。但不同地区林地与草地间的转移相互抵消，使得总面积变化不大。这一时期的草地与未利用土地相互转移，使得未利用土地增加了 12 276.82 km²。未利用土地向水域的转移，使得水域增加 1 176.84 km²。

2000～2005 年三江源地区土地利用转移矩阵见表 4.8，转移主要发生在草地与未利用土地之间，相互转移的过程中未利用土地增加了 639.02 km²。其他类型之间相互转移相对较小。

2005～2010 年三江源地区土地利用转移矩阵见表 4.9，这一时期主要是林地与草地、草地与未利用土地、未利用土地与水域之间的相互转移，其中在这个时期草地与未利用土地间的相互转移最为明显，有 18 122.63 km² 的未利用土地向草地转移，同时在其他地区有 4 290.35 km² 的草地向未利用土地转移，相互之间的转移使得草地增加了 13 832.28 km²。未利用土地与水域之间的相互转移使得水域面积增加了 517.36 km²。

2010～2015 年三江源地区土地利用转移矩阵见表 4.10，这段时期内的土地利用类型间转移变化较弱。其中未利用土地与水域之间相互转移，使得水域增加了 194.86 km²，其余类型间的转移处于动态稳定，总面积变化不大。

4.3　三江源径流时空演变规律

为更好认识和掌握三江源地区的水文循环规律，分析三江源径流时空演变规律尤为重要。本节以三江源地区直门达水文站 1957～2017 年（长江源）、唐乃亥水文站 1956～2016 年（黄河源）、昌都水文站 1968～2016 年（澜沧江源）实测径流序列为研究对象，利用 ESMD 方法同时从周期、趋势、突变三个方面研究三江源地区的径流时空演变规律，并与现有的时间序列检测方法（M-K 检验、小波分析、Pettitt 法等）做对比。

4.3.1　三江源径流时空演变趋势分析

ESMD 方法通过判断自适应全局平均曲线的变化趋势来反映径流总体的变化趋势。由图 4.11 可知：黄河源 61 年径流呈现显著的下降趋势；长江源 60 年径流呈现显著的上升趋势；澜沧江源 49 年径流呈现显著的上升趋势，这些变化趋势在 20 世纪 90 年代以后表现得尤为明显。ESMD 的结果与线性回归趋势分析、M-K 趋势检验结果保持一致（表 4.11）。从线性回归趋势分析结果看出，黄河源径流以 1.05（m³·s⁻¹）/a 的速率在减小，而长江源径流、澜沧江源径流分别以 1.26（m³·s⁻¹）/a 和 3.55（m³·s⁻¹）/a 的速率显著升高（图 4.12）。分析导致三江源地区径流变化可能的原因，黄河源地处人口稀少的高海拔地区，人类活动对该地区的径流的影响相对较小，导致径流减少原因更多地取决于气候变化。黄河源地区的径流补给来源主要是降水和冰雪冻土融水，而黄河源地区的降水与径流的相关系数较大，降水的丰枯与径流的丰枯相对应［图 4.12（a）］，这也说明黄河源地区降水是径流变化的主导因子，进一步分析黄河源地区降水径流变化情况可知，黄河源地区的年降水量呈不显著上升趋势，与 4.1.2 小节部分结果一致，增幅为 0.38 mm/a，径流却呈现出减少的趋势。根据已有的研究表明，三江源地区气温增幅在 0.35 ℃/a[228]，气温升高导致黄河源地区蒸散发量增大，黄河源地区在 20 世纪 90 年代以后蒸散发量以 5.3 mm/a 的趋势上升，其上升趋势远大于降雨的上升趋势，而在 20 世纪 90 年代以后降雨类型主要以小雨为主，并且降水历时短，蒸散发量增大导致流域的产流能力下降。长江源地区径流呈现显著的上升趋势，一方面是因为长江源地区降水与径流有较好的相关性，降水有明显的上升趋势，线性趋势增幅达 0.84 mm/a，降水增多直接导致径流也相应地增加［图 4.12（b）］。而另一方面是因为长江源地区气温增幅显著，气温增加的同时导致冰川融雪补给河道径流。根据已有研究表明，长江源地区冰川区产流量以 126 万 m³/10 a 增加，导致径流有显著上升趋势[229]。澜沧江源地区降水有明显的上升趋势，增幅达 2.11 mm/a，并且降水与径流的分配规律保持一致，在降水丰沛的年份，流域径流也大，降水少的月份同期径流也较少

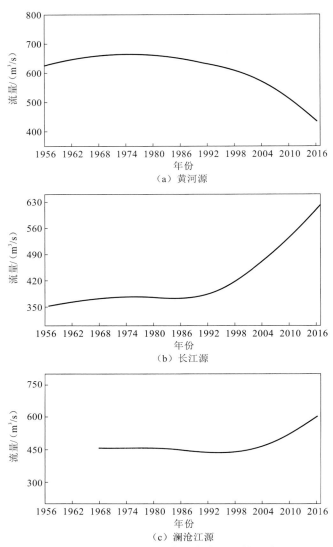

（a）黄河源

（b）长江源

（c）澜沧江源

图 4.11　三江源地区自适应全局平均曲线

[图 4.12（c）]。在该地区气温影响径流主要表现气温升高引起冰川和积雪消融，导致河道径流增加。

表 4.11　三江源地区径流趋势成分识别

区域	ESMD-AGM		M-K 趋势检验	
	趋势	是否显著	趋势	是否显著
黄河源	下降	不显著	下降	不显著
长江源	上升	显著	上升	显著
澜沧江源	上升	显著	上升	显著

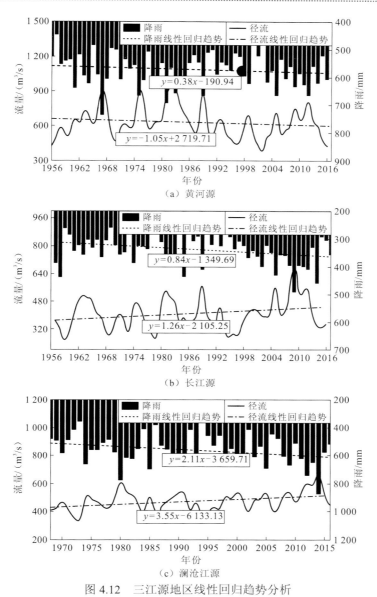

图 4.12　三江源地区线性回归趋势分析

4.3.2　三江源径流时空演变突变分析

在 ESMD 方法中,利用直线插值法得到各模态分量的频率与振幅时变图。该图直观地体现了径流序列分解得到的各模态分量振幅与频率的时变性,根据图中低频、大振幅或高频、小振幅振荡的时刻,表明分解得到的模态分量中存在异常时段与频段,从而判断此刻径流序列发生突变。利用 ESMD 方法诊断黄河源、长江源和澜沧江源多年径流的突变位置(图 4.13～图 4.15),并将结果与 M-K 突变检验、Pettitt 法检验结果相比较(图 4.16、表 4.12)。

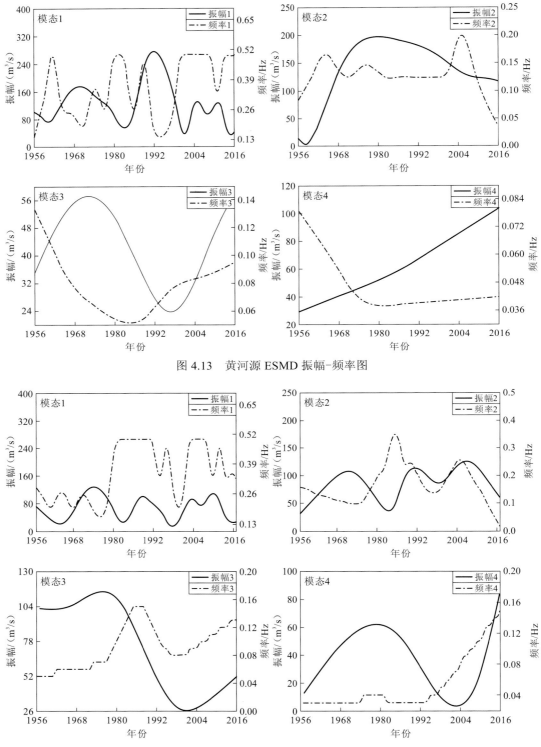

图 4.13　黄河源 ESMD 振幅–频率图

图 4.14　长江源 ESMD 振幅–频率图

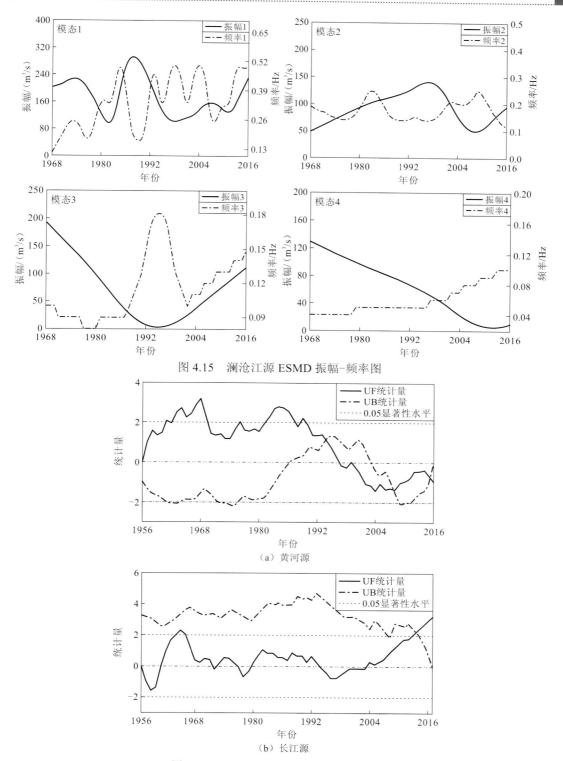

图 4.15　澜沧江源 ESMD 振幅-频率图

（a）黄河源

（b）长江源

图 4.16　三江源地区径流 M-K 突变检验

统计量位于双点划线上方（大于 0）表明呈上升趋势，反之呈下降趋势

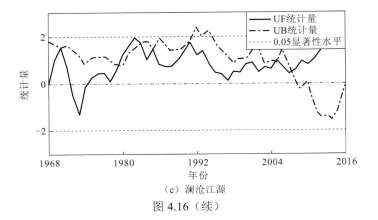

（c）澜沧江源

图 4.16（续）

表 4.12　三江源地区径流突变点识别结果

区域	ESMD	M-K 突变检验	Pettitt 法
黄河源	1961 年、1983 年、1990 年、2008 年	1994 年、2008 年	1960 年、1989 年
长江源	1983 年、2006 年	2013 年（不显著）	2002 年、2006 年
澜沧江源	1991 年、1995 年、1997 年、2008 年	1980 年、2008 年	1996 年、2014 年

　　将 ESMD 方法应用于黄河源 61 年径流过程中得到 3 个高频率、低振幅的位置（1961年、1983 年，以及 2008 年），1 个低频率、高振幅的位置（1992 年），说明黄河源径流序列在这些位置发生了突变。将 ESMD 方法与 M-K 突变检验、Pettitt 法检验的结果相结合，确定黄河源径流序列在 1990～1994 年，以及 2008 年左右发生突变。径流第一次突变的原因是 20 世纪 90 年代黄河源地区蒸散发量显著增强，同时该地区降水减少，导致径流量的显著减少。第二次突变可能是我国在 2005 年开始实施三江源生态保护和建设，三江源地区植被情况得到明显的好转，并且与工程修复前相比，唐乃亥水文站年径流增加了 36.9 亿 m^3。

　　同样的方法判断长江源径流序列的突变位置，ESMD 方法得到 2 个高频率、低振幅的位置（1983 年、2006 年）。通过 M-K 突变检验判断长江源径流序列并无明显的突变位置，而 Pettitt 法同样检验出长江源径流序列在 2006 前后发生突变。三种方法对比确定长江源径流序列在 2006 年左右发生突变，分析 1957～2006 年和 1957～2016 年多年平均流量发现，1957～2016 年平均流量增加了 39.53 m^3/s。进一步分析长江源径流在 2006 年以后显著性增强的原因：一方面是实施三江源地区生态保护和建设；另一方面是该地区降水的增加。

　　同理，判断澜沧江源 49 年径流序列发生突变的位置，ESMD 方法得到 3 个高频率、低振幅的位置（1995 年、1997 年，以及 2008 年），1 个低频率、高振幅的位置（1991年），通过对比其他两种方法，确定在 20 世纪 90 年代，以及 2008 年左右澜沧江源径流序列可能发生突变。从图 4.12（c）中可以看出，在 20 世纪 90 年代后，澜沧江源径流减少趋势显著，1980～1989 年多年平均径流为 959.23 m^3/s，而 1990～1999 年多年平均径流为 889.59 m³/s，降低 7.25%左右。根据已有的研究表明，20 世纪 90 年代降水量减少、温度升高是直接导致澜沧江源径流发生突变的原因[230]。澜沧江源同黄河源一样在 2008 年左右径流序列也发生突变，导致这次突变的原因可能也是 2005 年开始实施的三江源地区生态保护和建设。

4.3.3　三江源径流时空演变周期分析

ESMD 方法分解得到的不同频率模态分量再利用 FFT 计算径流序列各个模态对应的功率谱，根据幅值的大小获得径流信号的频率，从而计算出各模态分量的平均周期。不同周期性变化的识别方法都存在一定的误差，为避免单一方法造成的识别误差，将 EMSD 结果与 Morlet 小波分析、周期图结果对比，见表 4.13。利用 ESMD 方法将黄河源、长江源、澜沧江源多年径流序列进行多时间尺度分解，将非平稳的径流序列转化为平稳的各模态分量，再利用 FFT 周期图法分别计算年径流序列分解得到的各模态分量的平均周期。

表 4.13　三江源地区径流周期成分识别结果　　（单位：a）

区域	ESMD	Morlet 小波	周期图
黄河源	7、15、30	12、21	9、30
长江源	8、15、30	13	8、15
澜沧江源	15、28	16、28	16、24

利用 ESMD 方法分析得到黄河源 61 年径流序列具有 7 a、15 a、30 a 的周期性变化，通过与 Morlet 小波分析[图 4.17（a）]、周期图结果对比，确定黄河源径流序列存在 12～15 a、30 a 的周期振荡，其中 12～15 a 的周期振荡最为明显，在这个周期时段内，黄河源径流发生 16 次丰枯交替，通过丰枯交替可以判断出 2016 年以后的一段时间内黄河源的径流是偏枯的。而在 30 a 的时间尺度下，黄河源径流序列经历了"丰-枯-丰-枯-丰"5 次丰枯交替变化，同样可以判断在未来一段时间内黄河源径流是偏枯的。

同理，利用 ESMD 方法分析得到长江源 60 年径流序列具有 8 a、15 a、30 a 的周期性变化，其中 30 a 的周期性变化包含在 15 a 的周期性变化里面；周期图法说明该径流序列存在 8 a、15 a 的周期性变化。通过 Morlet 小波分析[图 4.17（b）、图 4.18（b）]长江源存在 13 a 的周期性变化。结合 3 种方法分析结果，确定长江源径流序列存在 13～15 a 的显著周期性变化，在这个周期尺度内径流经历了 14 次的丰枯交替变化，并且可以判断在 2017 年以后的一段时间内，长江源径流量会有增加的趋势，这与长江源的径流趋势分析结果保持一致。

将 ESMD 方法结合 Morlet 小波分析、周期图法判断澜沧江源 49 年径流序列的周期性变化。ESMD 方法检测出径流序列具有 15 a、28 a 的周期性变化，Morlet 小波分析得

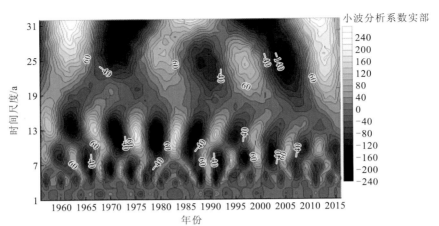

（a）黄河源

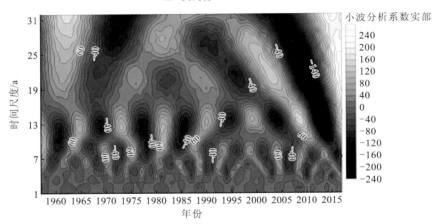

（b）长江源

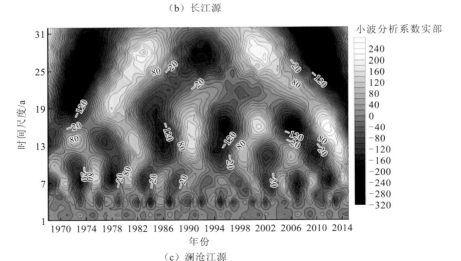

（c）澜沧江源

图 4.17　三江源地区小波系数实部等值线图

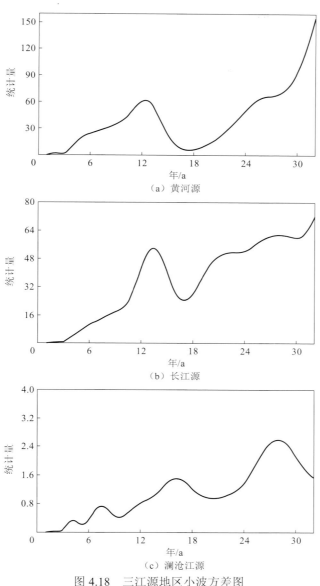

（a）黄河源

（b）长江源

（c）澜沧江源

图 4.18　三江源地区小波方差图

到澜沧江源径流序列具有 16 a、28 a 的周期性变化，其中以 28 a 左右的周期性变化最为强烈；周期图法分析得到澜沧江源径流序列具有 16 a、24 a 的周期性变化。通过结合 3 种方法的分析结果，澜沧江源径流存在 15～16 a 的不显著周期性变化和 28 a 左右的显著性周期性变化。从图 4.17（c）可以看出，在 15～16 a 这个周期尺度变化并不显著，而在 28 a 左右显著性周期尺度内径流经历了 6 次丰枯交替，最近的一次丰枯交替发生在 2015 年前后，径流由枯转丰，并且在未来的一段时间内，澜沧江源径流将仍然保持偏丰状态，这与趋势分析结果保持一致。

4.4 三江源分区径流模拟

4.4.1 基于 SWAT 的分区模拟模型构建

1. SWAT 模型原理及结构

1994 年，美国农业部农业研究中心的 Arnold 博士，基于 SWRRB 模型和 ROTO 模型开发了一种具有很强物理机制的长时段的流域分布式水文模型，即土壤和水评估工具（soil and water assessment tool，SWAT）模型。目前最常用的版本为 SWAT 2012，它集成于 ArcGIS 环境中，具有友好的操作界面和稳定的计算速度，因此得到广泛应用。

SWAT 模型的水文循环模拟基于水量平衡方程，模拟过程分为两个模块：①子流域模块（控制产流和坡面汇流过程），即子流域内水、沙、营养化学物质等在主河道内的输入；②汇流演算模块（控制河道汇流过程），即这些物质从河网向流域出口移动运输。整个循环过程如图 4.19 所示。

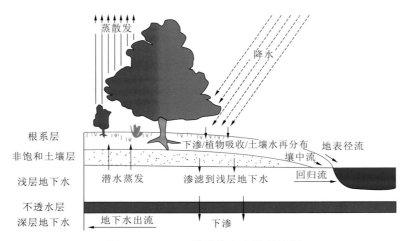

图 4.19　SWAT 模型的水文循环过程

$$S_{\mathrm{wf}} = S_{\mathrm{w0}} + \sum_{i=1}^{t} R_{\mathrm{day}} - Q_{\mathrm{si}} - E_{\mathrm{ai}} - W_{\mathrm{si}} - Q_{\mathrm{Ri}} \tag{4.19}$$

式中：S_{wf} 为土壤最终含水量，mm；S_{w0} 为土壤初始含水量，mm；t 为时间，d；R_{day} 为当日降水量，mm；Q_{si} 为当日径流量，mm；E_{ai} 为当天蒸散发量，mm；W_{si} 为当天从土壤底层到包气带的含水量，mm；Q_{Ri} 为当日回归流，mm。

SWAT 模型结构清晰展示出以水文响应单元（hydrological response unit，HRU）为最小计算单元的水分输移情况，其模型结构如图 4.20 所示。本小节研究内容为径流响应分析，主要运用 SWAT 中的径流模拟功能，故不涉及泥沙和融雪等模块。模型原理分为地表径流、地下径流、流域汇流和蒸散发 4 个方面。

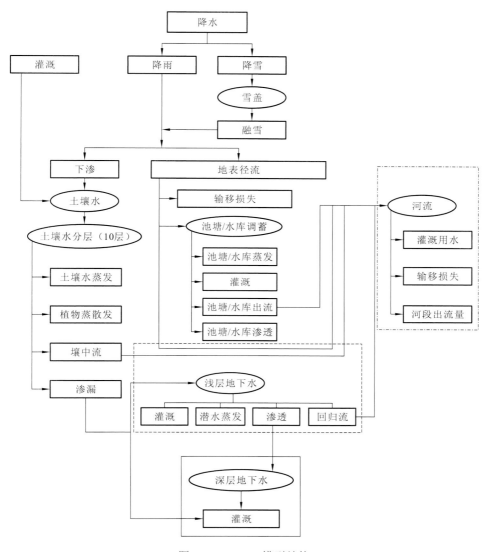

图 4.20　SWAT 模型结构

1）地表径流

$$Q_i = \frac{(R_i - I_a)^2}{R_i - I_a + S}, \quad R_i > I_a \tag{4.20}$$

式中：S 为滞留系数，mm；I_a 为初损，mm。初损 I_a 与滞留系数 S 之间存在 $I_a = \lambda S$，λ 取值为 0.2。当 $R_i > 0.2S$ 时，径流出现，滞留系数 S 与土地利用、土壤类型、坡度有关。

$$S = \frac{25\,400}{CN} - 254 \tag{4.21}$$

式中：CN 是与土壤类型、土地利用和土地管理条件相对应的 SCS 径流曲线编号。

根据前期降雨量，SCS 径流曲线法将前期土壤湿润条件分为干旱、平均湿度和湿润三种。当土壤湿润条件为干旱和湿润时，径流曲线数可分别按如下公式计算：

$$CN_1 = CN_2 - \frac{20 \cdot (100 - CN_2)}{100 - CN_2 + \exp[2.533 - 0.063\,6 \cdot (100 - CN_2)]} \tag{4.22}$$

$$CN_3 = CN_2 \cdot \exp[0.006\,73 \cdot (100 - CN_2)] \tag{4.23}$$

式中：CN_1、CN_2 和 CN_3 是土壤湿度条件分别为干旱、平均湿度和湿润时的曲线数。其中，CN_3 可以根据不同的土地利用类型和土壤类型组合查表得到。

2）地下径流

SWAT 可以在每一个子流域中模拟两个含水层。浅层含水层为非承压含水层，可以向主河道或子流域河道供给水流。深层含水层为承压含水层，进入深层含水层的水分被假设为流出流域。

浅层含水层的水量平衡方程如下：

$$aq_{sh,i} = aq_{sh,i-1} + w_{rchrg} - Q_{gw} - w_{deep} - w_{revap} - w_{pump,sh} \tag{4.24}$$

式中：$aq_{sh,i}$ 为第 i 天浅层含水层的蓄水量，mm；$aq_{sh,i-1}$ 为第 $i-1$ 天浅层含水层的蓄水量，mm；w_{rchrg} 为第 i 天进入浅层含水层的水量，mm；Q_{gw} 为第 i 天进入主河道的地下水水量（也可称作基流），mm；w_{deep} 为第 i 天浅层含水层渗漏进深层含水层的水量，mm；w_{revap} 为由于土壤水分缺失第 i 天进入土壤层的水量，mm；$w_{pump,sh}$ 为第 i 天浅层含水层的抽取水量，mm。

深层含水层的水量平衡方程如下：

$$aq_{dp,i} = aq_{ap,i-1} + w_{deep} - w_{pump,dp} \tag{4.25}$$

式中：$aq_{dp,i}$ 为第 i 天深层含水层的蓄水量，mm；$aq_{ap,i-1}$ 为第 $i-1$ 天深层含水层的蓄水量，mm；$w_{pump,dp}$ 为第 i 天深层含水层的抽取水量，mm。

3）流域汇流

SWAT 中的汇流计算方法为变量存储法和马斯京根法。马斯京根法比较常用，其原理基于水量平衡方程和曼宁方程，具体公式不予赘述。变量存储法是基于水量平衡方程建立的，演算方程如下：

$$Q_{out,2} = SC \cdot Q_{in,ave} + (1 - SC)Q_{out,1} \tag{4.26}$$

式中：$Q_{out,1}$，$Q_{out,2}$ 分别为初、末时刻的出流速率，m^3/s；$Q_{in,ave}$ 为计算时段内的平均入流速率，m^3/s；SC 为存储系数。

4）蒸散发

陆地上约有 62% 的降水被蒸散返回大气，可见蒸散发是水文循环中不可或缺的环节之一。降水与蒸发的差量便是人类可利用和管理的资源量，因此准确估算蒸发量至关重要。SWAT 中的蒸散发分为潜在蒸散发和实际蒸散发。国际上常利用彭曼-蒙特斯（Penman-Monteith）法计算潜在蒸散发量并与冠层储存的自由水量进行对比，从而得出降水截留蒸发，然后利用 Ritchie 提出的土壤及植物水量蒸发的计算方法得到研究区内的实际蒸散发量，潜在蒸散发量与实际蒸散发量之和即为所求总蒸散发量。

2. 模型评价指标

纳什效率系数（Nash-Sutcliffe efficiency coefficient，NSE）、确定系数（R^2）、相对误差（RE）是用来评价 SWAT 模型在某地区的适用性的常规指标。

1）NSE

纳什效率系数（NSE）是评价模型模拟精度的重要指标，一般用来验证模拟径流系列（实测系列）的过程符合度，取值范围（$-\infty$，1]，值越靠近于 1，表示模型模拟质量越好。其公式为

$$NSE = 1 - \frac{\sum_{i=1}^{n}(O_i - S_i)^2}{\sum_{i=1}^{n}(O_i - \overline{O})^2} \tag{4.27}$$

式中：O_i 为水文站实测的径流资料；S_i 为模型模拟的径流；$\overline{O}$ 为水文站多年径流实测平均值；n 为系列长度。

2）R^2

确定系数（R^2）表示模拟值与实测值的相关性，系数值越接近 1，表明实测与模拟的相关性越高。其公式为

$$R^2 = \frac{\left[\sum_{i=1}^{n}(Q_{m,i} - \overline{Q_m})(Q_{s,i} - \overline{Q_s})\right]^2}{\sum_{i=1}^{n}(Q_{m,i} - \overline{Q_m})^2 \sum_{i=1}^{n}(Q_{s,i} - \overline{Q_m})^2} \tag{4.28}$$

式中：$Q_{s,i}$ 为 SWAT 模型的径流模拟值；$Q_{m,i}$ 为径流的实测值；$\overline{Q_m}$ 为径流实测值的均值；$\overline{Q_s}$ 为径流模拟值的均值；n 为实测流量的长度。

3）RE

相对误差（RE），又称为百分比偏差。其衡量模拟数据的平均趋势大于或小于观测值，最佳情况下为零，其中低幅度值表示具有很好的模拟效果。其公式为

$$RE = \frac{\sum_{i=1}^{n}(O_i - S_i)}{\sum_{i=1}^{n}O_i} \times 100\% \tag{4.29}$$

式中：O_i 为水文站实测的径流资料；S_i 为模型模拟的径流；n 为系列长度。

3. SWAT 模型建立与校准

1）子流域划分

SWAT 模型具有"河网生成"功能，河网生成是基于流域的数字高程模型（digital elevation model，DEM）数据提取坡向、坡度、流向等数据从而生成研究区域的河网，并通过设定临界集水面积阈值分别将三江源地区划分为多个子流域，其中将黄河源划分为

59 个子流域、长江源划分为 61 个子流域、澜沧江源划分为 47 个子流域，如图 4.21 所示。

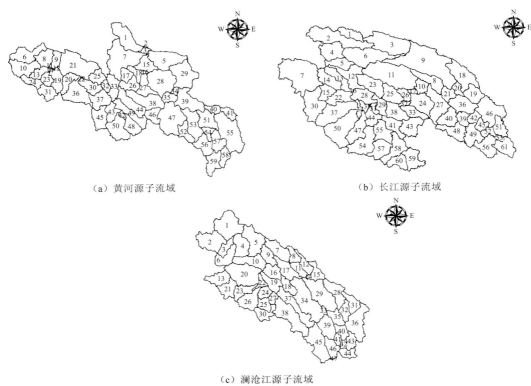

（a）黄河源子流域　　　　　　　　　　（b）长江源子流域

（c）澜沧江源子流域

图 4.21　黄河源、长江源、澜沧江源子流域

2）土地利用

SWAT 模型中自身带有 119 种土地利用类型的参数数据库，但是分类方式与研究中使用的 2015 年中国土地利用数据库不一致，故需要对土地利用数据进行重分类，三江源地区土地利用类型重分类结果如图 4.22 所示。

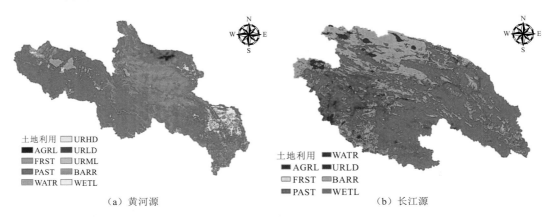

（a）黄河源　　　　　　　　　　　　（b）长江源

图 4.22　黄河源、长江源、澜沧江源土地利用类型

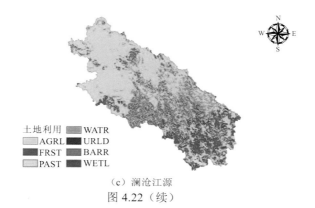

土地利用 ▨ WATR
　▨ AGRL　■ URLD
　■ FRST　▨ BARR
　▨ PAST　▨ WETL

（c）澜沧江源

图 4.22（续）

3）土壤数据库构建

SWAT 模型中采用的粒径级配标准为美国农业部（United States Department of Agriculture，USDA）简化的美制标准，而本小节选用的世界土壤数据库（harmonized world soil database，HWSD）也采用该标准，故无须再对粒径进行转化。利用 SPAW 计算土壤湿密度、土壤层有效持水量、饱和水力传导系数，并根据 SWAT 输入输出手册中建议公式计算土壤侵蚀因子（K_{ULSE}），计算公式（4.30），完成土壤数据库的制作，再将土壤栅格数据根据值与名称的对应关系制作索引表进行土壤类型重分类。

$$
\begin{cases}
K_{\text{USLE}} = f_{\text{csand}} \cdot f_{\text{cl-si}} \cdot f_{\text{orgc}} \cdot f_{\text{hisand}} \\[2mm]
f_{\text{csand}} = \left\{ 0.2 + 0.3 \cdot \exp\left[-0.256 \cdot m_s \cdot \left(1 - \dfrac{m_{\text{silt}}}{100} \right) \right] \right\} \\[2mm]
f_{\text{cl-si}} = \left(\dfrac{m_{\text{silt}}}{m_c + m_{\text{silt}}} \right)^{0.3} \\[2mm]
f_{\text{orgc}} = \left[1 - \dfrac{0.025\,6 \cdot \rho_{\text{orgc}}}{\rho_{\text{orgc}} + \exp(3.72 - 2.95 \cdot \rho_{\text{orgc}})} \right] \\[2mm]
f_{\text{hisand}} = \left\{ 1 - \dfrac{0.7 \cdot \left(1 - \dfrac{m_s}{100} \right)}{\left(1 - \dfrac{m_s}{100} \right) + \exp\left[-5.51 + 22.9 \cdot \left(1 - \dfrac{m_s}{100} \right) \right]} \right\}
\end{cases}
\tag{4.30}
$$

式中：f_{csand} 为粗糙沙土质地土壤侵蚀因子；$f_{\text{cl-si}}$ 为黏壤土土壤侵蚀因子；f_{orgc} 为土壤有机质因子；f_{hisand} 为高砂质土壤侵蚀因子；m_s 为粒径在 0.05～2.00 mm 沙粒的百分含量；m_{silt} 为粒径在 0.002～0.05 mm 的淤泥、细砂百分含量；m_c 为粒径小于 0.002 mm 的黏土百分含量；ρ_{orgc} 为各土壤层中的有机碳质量分数，%。

4）水文响应单元生成

水文响应单元指对流域内根据植被、土壤以及坡度等因素划分的具有相同水文特性的最小的水文单元。水文响应单元的个数是子流域个数、土地利用类型数、土壤类型数以及坡度的组合情况。黄河源一共被划分为 391 个水文响应单元、长江源被划分为 695 个水文响应单元、澜沧江源被划分为 637 个水文响应单元。

5）气象数据库构建

气象数据主要包括最高和最低气温、降水、风速、太阳辐射和相对湿度 5 类因子。气温和降水是驱动模型最基础的数据，而湿度、风速和太阳辐射可利用 SWAT 自带的天气发生器生成。为提高本次模型的模拟精度，气温、降水、风速和相对湿度资料均采用中国气象网的地面气候日值数据集，辐射值则由日照数据进行计算。准备好上述 5 种气象因子后，按照 SWAT 数据库规范格式将这些因子制作成为相应的 txt 文件导入模型。三江源地区输入模型的气象站及相关信息，见表 4.14，澜沧江源地面气候站少，能收集到完整气象资料的站点仅有囊谦站，但考虑到长江源与澜沧江源的地理位置相近的关系，将两个区域的所有气象站数据都输入到模型中，由模型根据就近原则选择相关站点的数据作为模型输入条件。

表 4.14 三江源地区气象站信息

站号	站名	经度/（°）	纬度/（°）	高程/m	区域
52943	兴海	99.67	35.80	3 323	
52955	贵南	100.73	35.58	3 120	
56043	玛沁	99.83	34.75	3 719	
56046	达日	99.80	33.80	3 968	
56065	河南	101.58	34.28	3 500	黄河源
56067	久治	101.23	33.32	3 629.3	
56074	玛曲	102.08	34.00	3 472	
56079	若尔盖	102.72	33.33	3 442	
56173	红原	102.55	32.80	3 492	
52908	五道梁	93.08	35.22	4 613	
56004	沱沱河	92.43	34.22	4 533.9	
56021	曲麻莱	95.80	34.12	4 175.8	长江源澜沧江源
56018	杂多	95.28	32.88	4 067.2	
56034	清水河	97.13	33.80	4 416.2	
56029	玉树	96.97	33.00	3 717.7	
56125	囊谦	96.47	32.20	3 644.5	

4. 参数敏感性分析

SWAT 模型中影响径流模拟的参数众多，参数对模拟结果的影响也存在显著性的差异；模型校准过程中由于所有模型参数会导致模型运算速率降低、模型不确定性增大等问题的发生，对模型参数进行敏感性分析是十分有必要的。本次研究中选取 24 个影响径流的参数用于径流参数的敏感性分析试验，利用 SWAT-CUP 自带的 SUFI-2 算法进行试验，以 *t*-stat 和 *P*-value 作为参数敏感性判断指标，前者的绝对值越远离 0 时，则说明该参数在本次率定中对率定结果的影响越显著；后者小于 0.05 时，则表示该参数对结果的影响极为显著。本次研究中选取 24 个参数迭代 500 次后，从大到小选取前 10 个对径流模拟影响显著的参数用于后续模型校核中。三江源地区各源区径流参数敏感性分析结果见表 4.15～表 4.17。

表 4.15　黄河源参数敏感性分析结果

参数	含义	*t*-stat	*P*-value	敏感性排序
r__CN2	SCS 径流曲线数	−5.10	0.00	2
v__GWQMN	浅层地下水基流阈值	1.62	0.10	8
v__REVAPMN	浅层地下水再蒸发阈值	1.60	0.11	9
v__ESCO	土壤蒸发补偿系数	−2.99	0.00	4
v__EPCO	植物蒸腾补偿系数	1.28	0.20	10
v__SFTMP	雨雪分界温度	−5.48	0.00	1
v__SMFMN	最小融雪因子	−2.84	0.00	5
v__SMTMP	融雪温度	−4.53	0.00	3
v__TLAPS	温度递减率	−1.67	0.09	7
v__BIOMIX	生物扰动效率	−2.17	0.03	6

表 4.16　长江源参数敏感性分析结果

参数	含义	*t*-stat	*P*-value	敏感性排序
r__CN2	SCS 径流曲线数	−9.59	0.00	1
r__GW_REVAP	浅层地下水再蒸发系数	0.56	0.57	9
v__REVAPMN	浅层地下水再蒸发阈值	1.05	0.29	7
v__CANMX	冠层最大储水量	−1.11	0.26	4
v__SMFMN	最小融雪因子	−0.93	0.35	8
v__SMFMX	最大融雪因子	0.50	0.61	10
r__SOL_ALB	土壤地表反射率	−1.29	0.19	3
v__CH_K2	主河道有效水力传导系数	1.06	0.29	6
v__TLAPS	温度递减率	−1.07	0.28	5
r__SOL_K	土壤饱和导水率	−1.54	0.12	2

表 4.17　澜沧江源参数敏感性分析结果

参数	含义	*t*-stat	*P*-value	敏感性排序
r__CN2	SCS 径流曲线数	27.61	0.00	1
v__ALPHA_BF	基流消退系数	18.55	0.00	2

参数	含义	t-stat	P-value	敏感性排序
v__ESCO	土壤蒸发补偿系数	6.57	0.00	3
v__SMTMP	融雪温度	2.64	0.00	4
r__SOL_K	土壤饱和导水率	-1.27	0.20	5
r__SOL_AWC	土壤有效持水量	-0.73	0.46	6
v__SLSUBBSN	平均坡长	0.56	0.57	7
v__GW_DELAY	地下水延滞系数	0.55	0.58	8
v__GWQMN	浅层地下水基流阈值	0.44	0.66	9
v__SFTMP	融雪温度	0.21	0.82	10

5. 结果分析

1）黄河源

经过参数敏感性分析后确定了对黄河源径流影响较大的 10 个参数用于校准模型。模型将 1967 年作为预热期，预热期的设置目的是可以将流域水文过程趋于平衡状态，将 1968～2000 年作为模型的率定期、2001～2016 年作为模型的验证期。初始迭代 500 次，随后每组迭代 100 次，直至模型参数不再变化为止，再根据需求手动调整参数，最终将率定后的最终参数带入到验证期中。参数的模拟效果见表 4.18。模拟率定期结果如图 4.23、图 4.24 所示，模拟径流过程线与实测径流过程线整体拟合效果较好。但在 1987 年以前，模型模拟结果低估了基流过程；在 1995～2000 年，模型模拟结果高估各阶段的洪峰过程的情况，并且在模型模拟早期，模拟结果有着明显超前于实测径流过程。导致前者问题发生的原因可能是在建立 SWAT 模型时，将土地利用类型全部统一为 2015 年土地利用类型，在进行长时间尺度径流模拟过程中未考虑土地利用的变化，从而导致模型模拟之间产生误差。在 1995～2000 年，模拟径流高估了洪峰过程，可能的原因是在研究过程中未考虑黄河源众多湖泊对径流的调蓄作用。将 2001～2016 年设置为模型的验证期，整个验证期内模拟与实测的拟合效果整体上较好，但仍存在低估基流过程现象，从表 4.19 中可以明显看出，验证期的结果优于率定期，指标 R^2、NSE 有一定程度的提高，指标 RE 相较率定期也有明显改善。总的来说，通过判断指标 R^2 大于 0.75、NSE 大于 0.65、RE 小于 15%可知，SWAT 模型的模拟效果是令人满意的。

表 4.18　黄河源最优参数

参数	最优参数值	最小参数值	最大参数值
r__CN2	0.20	-0.5	0.5
v__GWQMN	5 000	0	5 000
v__REVAPMN	137.76	0	500
v__ESCO	0.08	0	1

续表

参数	最优参数值	最小参数值	最大参数值
v__EPCO	0.02	0	1
v__SFTMP	−2.55	−20	20
v__SMFMN	14.21	0	20
v__SMTMP.	−8.03	−20	20
v__TLAPS	8.65	−10	10
v__BIOMIX	0.00	0	1

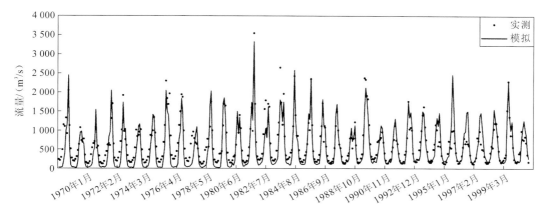

图 4.23　1968～2000 年黄河源率定期径流模拟结果

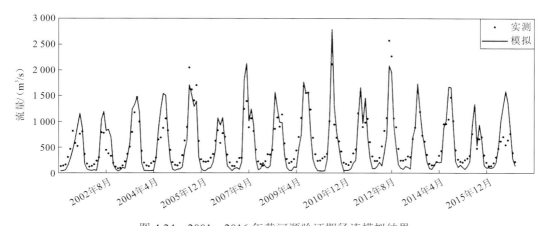

图 4.24　2001～2016 年黄河源验证期径流模拟结果

表 4.19　黄河源模型指标

项目	指标		
	R^2	NSE	RE / %
1968～2000 年（率定期）	0.76	0.68	14.7
2001～2016 年（验证期）	0.81	0.69	5.4

2）长江源

同样地，在参数敏感分析部分完成了长江源 SWAT 模型参数的敏感性分析工作的基础上，得到 10 个对长江径流模拟影响较高的参数。采用同黄河源一样的模型校准方式得到影响长江源地区 SWAT 模型的最优参数，见表 4.20，其中 REVAPMN、CANMX、SOL_K 等参数与模拟效果呈现负相关关系。模拟结果如图 4.25 所示，模型率定期结果与实测的径流比较，模型模拟普遍高估基流径流过程，并且在部分年份存在明显高估洪峰的情况，但从评价指标（表 4.21）中可以看出率定期 R^2、NSE、RE 都认为模型模拟效果较好，故不再修改模型参数。导致这种误差发生的原因，很大程度是因为在对长序列的径流过程进行率定时，没有考虑土地利用类型、土壤等的变化情况。模型验证期结果如图 4.26 所示，与率定期一样，验证期也同样存在基流过高的情况，并且除了 R^2，其余的指标都远不如率定期指标，尤其是 RE 指标。

表 4.20　长江源参数最优参数

参数	最优参数值	最小参数值	最大参数值
r__CN	0.19	−0.5	0.5
r__GW_REVAP	0.49	−0.5	0.5
v__REVAPMN	242.78	0	500
v__CANMX	60.39	0	100
v__SMFMN	10	0	20
v__SMFMX	11.40	0	20
r__SOL_ALB	−0.38	−0.5	0.5
v__CH_K2	342.7	−0.01	500
v__TLAPS	−2.9	−10	10
r__SOL_K	0.49	−0.5	0.5

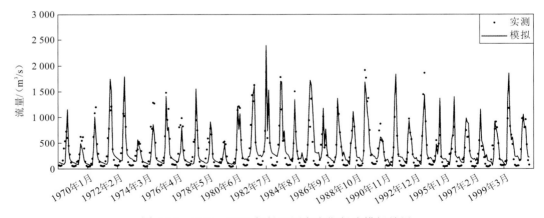

图 4.25　1968～2000 年长江源率定期径流模拟结果

表 4.21　长江源模型指标

项目	指标		
	R^2	NSE	RE / %
1968～2000 年（率定期）	0.75	0.73	−5.3
2001～2016 年（验证期）	0.82	0.62	−38.9

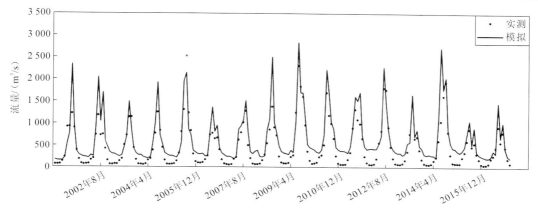

图 4.26　2001～2016 年长江源验证期径流模拟结果

3）澜沧江源

澜沧江源完成参数敏感性分析以后，按照黄河源的模型校准思路，得到一组最优参数，见表 4.22，从表中可以看出 SOL_AWC 参数与模型模拟效果呈现负相关关系，其值越小，模型模拟效果越好。模拟结果如图 4.27 所示，澜沧江源径流模型率定期实测与模拟的径流过程线拟合效果相当，除个别月份，模型都能很好地模拟出径流的基流和洪峰过程，从表 4.23 中通过 R^2 等于 0.85、NSE 等于 0.79、RE 等于 11.3%更能直观地看出率定期模拟效果是令人满意的。将最优参数带入澜沧江源验证期（2001～2016 年），模拟结果如图 4.28 所示，模拟的径流过程非常好地拟合实测径流过程，从表 4.23 中的各类指标看出验证期模拟结果同样是令人满意的，并且其模拟结果一定程度要优于率定期，能在指标 R^2 保持不变的情况下，指标 NSE 在率定期的 0.79 的基础上增加了 0.03、RE 指标在率定期的基础上减少了 2.2%。

表 4.22　澜沧江源参数最优参数

参数	最优参数值	最小参数值	最大参数值
r__CN2	0.27	−0.5	0.5
v__ALPHA_BF	0.31	0	1
v__GW_DELAY	407.51	0	500
v__GWQMN	475.00	0	5 000
v__ESCO	0.57	0	1

参数	最优参数值	最小参数值	最大参数值
v__SLSUBBSN	91.06	10	150
v__SFTMP	10.28	−20	20
v__SMTMP	−11.23	−20	20
r__SOL_AWC	0.01	0	0.5
r__SOL_K	−0.27	−0.5	0.5

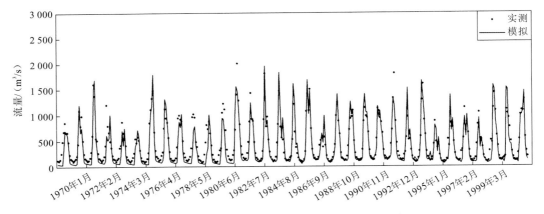

图 4.27　1968～2000 年澜沧江源率定期径流模拟结果

表 4.23　澜沧江源模型指标

项目	指标		
	R^2	NSE	RE / %
1968～2000 年（率定期）	0.85	0.79	11.3
2001～2016 年（验证期）	0.85	0.82	9.1

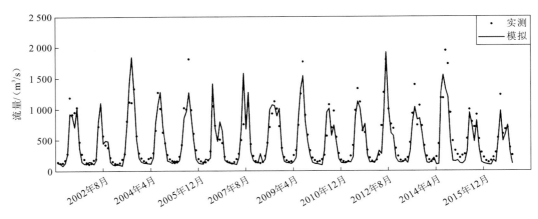

图 4.28　2001～2016 年澜沧江源验证期径流模拟结果

4.4.2　三江源径流分区时空演变模拟分析

将 4.4.1 小节部分经过校准后的模型参数分别返回到三个源区内的 SWAT 模型中，驱动 SWAT 模型开展源区内径流精细化模拟，并分析子流域内降水径流转化特征。

1. 黄河源子流域降水径流时空变化特征

如图 4.29（a）所示，从 1968～2016 年黄河源子流域平均降水分布特征可以直观地看出：黄河源地区多年平均最大降水量在 790 mm 左右，主要分布在黄河源东南方向；最小降水量仅在 120 mm 左右，分布在黄河源西北角、正北角、正南角等，降水从西北到东南呈现逐渐递增趋势。图 4.29（b）为黄河源子流域的多年平均径流分布特征，可以清晰地看出黄河源的产汇流过程，自上游到下游，河道经过的子流域径流逐渐增加；图 4.29（c）为黄河源子流域的多年平均径流系数，黄河源径流系数在 0.3～0.6，径流系数分布体现出降水径流分布的时空差异性，在降水较少的子流域也存在产流能力高的可能，同时在降水量相同的子流域径流系数分布也各有差异，如东南角位置的子流域。

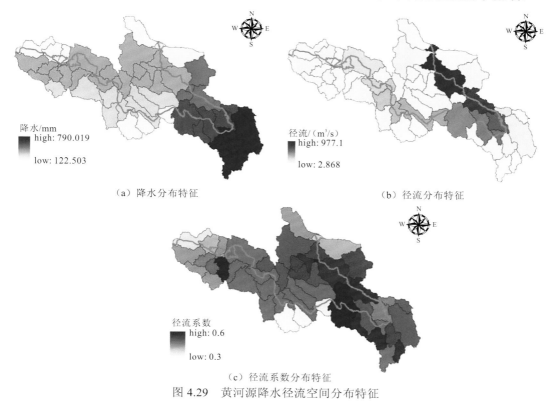

降水/mm
high: 790.019

low: 122.503

（a）降水分布特征

径流/（m³/s）
high: 977.1

low: 2.868

（b）径流分布特征

径流系数
high: 0.6

low: 0.3

（c）径流系数分布特征

图 4.29　黄河源降水径流空间分布特征

2. 长江源子流域降水径流时空变化特征

长江源的降水径流关系分布特征如图 4.30 所示。从图 4.30（a）可以看出：长江源多年平均最高降水量在 919 mm 左右，主要出现在长江源的东南侧；多年平均最低降水量大约为 583 mm，出现在长江源中部地区；长江源降水从西北到东南呈逐渐增加的趋势。图 4.30（b）为长江源径流汇流分布特征，从图中可以看出，流经单个子流域的最小流量仅有 6 m³/s，最大流量有 610 m³/s 左右；图 4.30（c）展现了长江源降水径流关系的分布特征，从图中可以看出，径流系数的分布特征与降水的分布特征是具有明显的差异的，径流系数最小值在 0.1 左右，出现在干流流经的子流域上。径流系数最大在 0.4 左右，出现在长江源的南侧，并且从图中可以明显地看出，长江源干流流经的子流域的降水转化率相对其他子流域是偏低的。

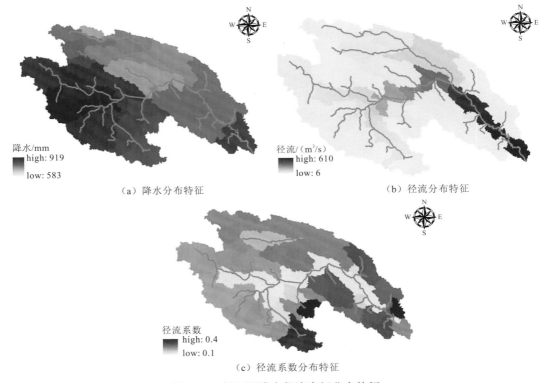

降水/mm
high: 919
low: 583

（a）降水分布特征

径流/（m³/s）
high: 610
low: 6

（b）径流分布特征

径流系数
high: 0.4
low: 0.1

（c）径流系数分布特征

图 4.30　长江源降水径流空间分布特征

3. 澜沧江源子流域降水径流时空变化特征

图 4.31（a）为澜沧江源各子流域多年平均降水分布特征，澜沧江源多年平均降水量最大值为 1 045 mm，约占子流域数的一半；最小降水量在 890 mm 左右，仅包括 3 个子流域。从图 4.31（a）中可以清晰地看出澜沧江源子流域降水有明显的分级现象。图 4.31（b）为澜沧江源径流汇流过程分布特征，从图中可以明显看出澜沧江源径流的逐级汇流过程，最终汇入到流域出口所在的 47 号子流域。图 4.31（c）为径流系数的分布特征，通过每个子流域径流深与降水的比值得到各子流域的径流系数，用来表征子流域的降水径流转化关系。从图中可以看出，澜沧江源径流系数变化幅度较小，在 0.35～0.42 范围变化，

并且径流系数同样存在明显的分层现象，这种分级与降水的分级情况恰恰相反，这说明澜沧江源流域产流不仅受降水的影响，还受其他因素的制约。

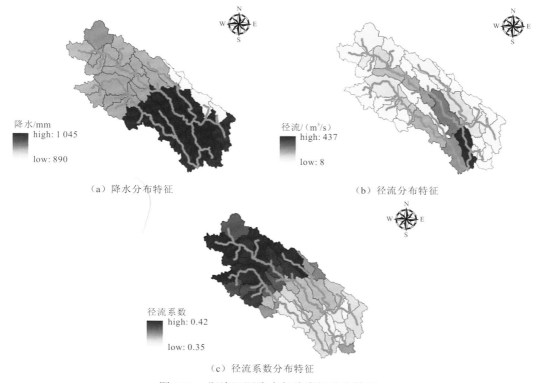

（a）降水分布特征　　　　　　　　　　　　　（b）径流分布特征

（c）径流系数分布特征

图 4.31　澜沧江源降水径流空间分布特征

4.4.3　三江源径流演变归因分析

　　总体来说，流域径流变化主要受气候和人类活动两大因素控制，如何定量地分离气候变化和人类活动对径流的影响也是目前研究的热点和难点问题，而 SWAT 模型常被用来完成这项研究工作。在三江源地区人类活动不明显，人类活动主要是体现在土地利用变化，气候变化主要是体现在降水变化和气温的变化。因此本书需要做的工作是定量分离降水、气温和土地利用变化对径流影响的贡献率。首先，对于三江源流域需要设定一个基准期（PB）；在基准期人为地定义为径流变化是不受人类活动影响的，将剩余的年份分为变化期（PC），则变化期相对于基准期的径流变化量就可以表示为

$$\Delta W_{\text{obs}} = \Delta W_{\text{cc}} + \Delta W_{\text{human}} = \Delta W_{\text{pr}} + \Delta W_{\text{tem}} + \Delta W_{\text{lucc}} \tag{4.31}$$

式中：ΔW_{obs} 为变化期总径流量相对于基准期的变化量；ΔW_{cc} 为气候变化引起的径流变化量；ΔW_{human} 为人类活动引起的径流变化量；ΔW_{pr} 为降水变化引起的径流变化量；ΔW_{tem} 为气温变化引起的径流变化量；ΔW_{lucc} 为土地利用变化导致的径流变化量。

　　定量地分析气候变化和人类活动对径流变化的影响，可以表示为

$$\mathrm{CR_{pr}} = \frac{\Delta W_{pr}}{\Delta W_{obs}} \times 100\% \qquad (4.32)$$

$$\mathrm{CR_{tem}} = \frac{\Delta W_{tem}}{\Delta W_{obs}} \times 100\% \qquad (4.33)$$

$$\mathrm{CR_{lucc}} = \frac{\Delta W_{lucc}}{\Delta W_{obs}} \times 100\% \qquad (4.34)$$

$$\mathrm{CR_{other}} = 1 - \mathrm{CR_{pr}} - \mathrm{CR_{tem}} - \mathrm{CR_{lucc}} \qquad (4.35)$$

式中：$\mathrm{CR_{pr}}$ 为降水变化对径流变化影响的贡献率；$\mathrm{CR_{tem}}$ 为气温变化对径流变化影响的贡献率；$\mathrm{CR_{lucc}}$ 为土地利用变化对径流变化影响的贡献率；$\mathrm{CR_{other}}$ 为除这三种因素的其他因素对径流变化的贡献率。

由第 3 章分析可知，三江源地区的降水、气温、径流在 20 世纪 90 年代左右均发生明显突变；通过对土地利用转变矩阵同样可以看出，1980～1990 年土地利用变化并不明显。基于上述研究的结论，为了评估气候变化和人类活动对径流的影响，将 1990 年之前的阶段设置为基准期，即 1968～1990 年；将 1990～2016 年设置为变化期，如图 4.32 所示，采用单因子试验法（即在改变一个因素的同时保持其他因素不变），考虑土地利用、降水和气温的变化，一共得到以下 5 种情景，通过比较 5 种情景下的 SWAT 模型输出，量化对径流变化的影响（表 4.24）。

图 4.32　时间划分

表 4.24　情景设置

情景类型	年份		
	土地利用类型	降水	气温
情景 1（S1）	1990 年	1968～1990 年	1968～1990 年
情景 2（S2）	2015 年	1968～1990 年	1968～1990 年
情景 3（S3）	1990 年	1991～2016 年	1968～1990 年
情景 4（S4）	1990 年	1968～1990 年	1991～2016 年
情景 5（S5）	2015 年	1991～2016 年	1991～2016 年

注：S1 为基准期、S2 为土地利用变化情景、S3 为降水变化情景、S4 为气温变化情景、S5 为综合变化情景/实际情景。

1. 黄河源径流演变归因分析

表 4.25 设置了 5 种情景用于黄河源定量分离土地利用、降水量和气温变化对径流的影响，研究利用模拟结果而非实测结果来对比分析，其中 S1 情景和 S5 情景对比了降水

量、气温和土地利用变化对径流的影响。相对于 S1 情景，S5 情景多年平均降水量减少了 9 mm，温度有显著性地升高，径流变化量平均减少 92.99 m³/s，这是降水量减少、升温和土地利用变化共同作用的结果。S2 情景、S3 情景、S4 情景分别考虑土地利用、降水量和气温中单独影响因素对径流的影响。在 S2 情景中，土地利用变化导致径流变化量增加 50.69 m³/s，土地利用变化对径流减少的贡献率为-54.51%。在 S3 情景中，降水量减少导致径流变化量减少 116.90 m³/s，降水量减少是径流减少的主要原因，其贡献率为 125.71%。在 S4 情景中，温度升高使径流变化量减少了 2.59 m³/s，温度升高对径流减少贡献率为 2.79%。同时从表中可以发现在 S2 情景、S3 情景、S4 情景中，土地利用、降水量、气温对径流变化量的影响是要小于 S5 情景的径流变化量的，这说明土地利用、降水量和气温之间的相互作用在模型中对径流变化存在一定影响。

表 4.25　黄河源土地利用、降水量和气温变化对径流的影响

情景	土地利用（年份）	降水量/mm（年份）	气温/℃（年份）	实测径流/（m³/s）	模拟径流/（m³/s）	径流变化量/（m³/s）	贡献率/%
S1	1990	577（1968~1990）	-31.9~23（1968~1990）	689.76	648.37	—	—
S2	2015	577（1968~1990）	-31.9~23（1968~1990）	—	699.06	50.69	-54.51
S3	1990	568（1991~2016）	-31.9~23（1968~1990）	—	531.47	-116.90	125.71
S4	1990	577（1968~1990）	-23.2~25.2（1991~2016）	—	645.78	-2.59	2.79
S5	2015	568（1991~2016）	-23.2~25.2（1991~2016）	573	555.38	-92.99	100

2. 长江源径流演变归因分析

表 4.26 是长江源定量分离土地利用、降水量和气温变化对径流的影响结果。从表中可以看出，变化期（1991~2016 年）主要变现为多年年均降水量增加 23 mm，气温增加 1 ℃左右，径流增加 17 m³/s 左右。S5 情景同时考虑土地利用变化、降水量增加和气温增加的变化对径流增加的影响，3 个因素共同作用导致径流年平均增加 17 m³/s 左右。S2 情景、S3 情景、S4 情景定量分离考虑了土地利用变化、降水量增加、温度增加对径流变化的影响，土地利用变化导致径流增加了 6.63 m³/s，占径流增加贡献率的 2.55%（S2情景）；降水量增加使得径流增加了 183.52 m³/s，占径流增加贡献率的 70.49%（S3 情景），是径流变化的主要原因；温度升高导致径流增加 41.16 m³/s，占径流增加贡献率的 15.81%（S4 情景），是导致径流增加的次要因素。结合 S2 情景、S3 情景、S4 情景径流的增加量要略低于 S5 情景，这也说明在模型中有约 10%的径流增加量是来自三种影响因素之间的相互作用。

表 4.26   长江源土地利用、降水量和气温变化对径流的影响

情景	土地利用（年份）	降水量/mm（年份）	气温/℃（年份）	实测径流/（m³/s）	模拟径流/（m³/s）	径流变化量/（m³/s）	贡献率/%
S1	1990	319（1968～1990）	−30.1～24.5（1968～1990）	395.72	405.80	—	—
S2	2015	319（1968～1990）	−30.1～24.5（1968～1990）	—	412.43	6.63	2.55
S3	1990	342（1991～2016）	−30.1～24.5（1968～1990）	—	589.31	183.52	70.49
S4	1990	319（1968～1990）	−30.45～25.4（1991～2016）	—	446.96	41.16	15.81
S5	2015	342（1991～2016）	−30.45～25.4（1991～2016）	413	666.15	260.36	100

3. 澜沧江源径流演变归因分析

表 4.27 是澜沧江源定量分离土地利用、降水量和气温变化对径流的影响，对比 S1 情景和 S5 两个情景可以发现，变化期内主要表现为多年平均降水量增加 11 mm，极端气温增加近乎 1 ℃，土地利用表现为草地、林地和水域的增加，使得径流增加了 23 m³/s 左右。S2 情景、S3 情景、S4 情景三个情景定量分离了土地利用、降水和气温变化对径流增加的影响。草地、林地面积的增加使得降水转化径流转化率降低，水域面积、增加调蓄作用增强导致径流减少了 9.5 m³/s，占径流增加贡献率的-51.67%（S2 情景）；降水量增加 23 mm，直接导致径流增加 20.17 m³/s，占径流增加贡献率的 109.77%（S3 情景）。温度升高、流域蒸散发量增大导致径流相应减少，减少了 1.48 m³/s，占径流增加贡献率的-8.04%（S4 情景）。同时三个因素的共同作用对径流变化也存在一定的影响，三种因素分别考虑（S2 情景、S3 情景、S4 情景）的径流累积变化量是要小于同时考虑三种因素（S5 情景）对径流的影响的，共同作用导致径流增加 9 m³/s，占径流增加的一半左右。

表 4.27   澜沧江源土地利用、降水量和气温变化对径流的影响

情景	土地利用（年份）	降水量/mm（年份）	气温/℃（年份）	实测径流/（m³/s）	模拟径流/（m³/s）	径流变化量/（m³/s）	贡献率/%
S1	1990	529（1968～1990）	−25.8～28.6（1968～1990）	462.59	449.69	—	—
S2	2015	529（1968～1990）	−25.8～24.5（1968～1990）	—	440.19	−9.50	−51.67
S3	1990	540（1991～2016）	−25.8～24.5（1968～1990）	—	469.86	20.17	109.77
S4	1990	529（1968～1990）	−23.2～29（1991～2016）	—	448.21	−1.48	−8.04
S5	2015	540（1991～2016）	−23.2～29（1991～2016）	485.42	468.06	18.38	100

4.5　本　章　小　结

　　本章引入 ESMD 方法从趋势、周期、突变三个方面分析三江源地区降水、气温，再分析径流的演变规律时对比多种方法的结果。利用动态度指标和转移矩阵分析三江源地区土地利用的时空变化特征；本章利用三江源地区 DEM、多期土地利用数据、土壤数据以及 16 个气象站数据构建三江源分源区的 SWAT 模型。分别以唐乃亥水文站、直门达水文站和昌都水文站作为黄河源、长江源、澜沧江源的模型校核点，率定出一套适用于各自源区的 SWAT 模型参数组合方案，用于分析源区的降水径流空间分布关系和源区内径流对土地利用变化和气象变化的响应关系。结果表明：三江源地区的降水均呈现上升趋势；最高/最低气温变化相对稳定；长江源径流和澜沧江源径流呈现逐渐上升的趋势，黄河源径流呈现逐渐减小的趋势。三江源地区径流在 1990 年左右均出现了一定程度上的突变。通过对土地利用变化特征分析发现，在 1990 年以前，土地利用动态变化不明显，但在 1990 年以后土地利用出现明显的变化。黄河源、长江源和澜沧江源模拟精度（R^2 均大于 0.7、NSE 均大于 0.6，黄河源、澜沧江源大于 0.7，RE 普遍小于 15%），说明 SWAT 模型在整个三江源地区的空间适用性较好，且对于三江源地区 SWAT 模型的模拟效果是令人满意的。在对分源区降水径流时空分布特征分析时，结果表明：黄河源、长江源和澜沧江源降水自西北向东南逐渐增加，且降水径流在空间分布存在空间差异。通过第 3 章中分析气象要素特征和土地利用变化特征，将土地利用、降水量和气温以 1990 年为节点划分为基准期和变化期，共计 5 种情景。结果表明：对于三江源地区，降水变化是导致径流变化的主要因素，呈正相关关系；气温变化和土地利用变化对径流变化的影响，视源区情况而定。

第 5 章

气候变化背景下三江源降水、气温、径流变化趋势

5.1 全球气候模式

5.1.1 全球气候模式选择

世界气候研究计划"耦合模拟工作组"组织的第六次国际耦合模式比较计划（CMIP6）正在进行中，有来自全球 33 家机构的约 112 个气候模式版本注册参加。CMIP6 的组织方式与以往五次不同，在核心试验的基础上，批准了 23 个科学子计划及其数值试验。目前，CMIP6 正在进行中。来自全球的气候学家将共享、分析和比较来自最新的全球气候模式的模拟结果。这些模式数据将支撑未来 5～10 a 的全球气候研究，基于这些数据的分析结果将构成未来气候评估和气候谈判的基础。CMIP6 是 CMIP 实施 20 多年来参与的模式数量最多、设计的科学试验最为完善、所提供的模拟数据最为庞大的一次。机遇与挑战并存，对于 CMIP6 的数据用户来说，如何从众多的试验数据中选择适合自己研究需要的部分，成为一个迫切需要解决的问题。本书选取 INM-CM4-8 气候模式作为开展未来气候变化的研究，现阶段 CMIP6 俄罗斯数学研究所发布最新的 INM-CM4-8 气候模式，该气候模式的大气区分辨率与前一版本 INM-CM4 相同，即经度网格尺寸为 2°，纬度网格尺寸为 1.5°，垂直 σ-级别为 0.01（约 30 km）。有限差分法用于求解大气动力学方程，物理过程的参数化对应于 INM-CM5 模型。该模型包含一个气溶胶块，考虑气溶胶对辐射的直接影响，以及气溶胶对凝结速率的影响，INM-CM4-8 模型中使用的参数化与 INM-CM4 模型中包含的参数化之间的区别在于以下几点。INM-CM4-8 模型有一个气溶胶块，其中 10 种气溶胶的浓度及其辐射特性是交互计算的，在 INM-CM4 模型中已经规定了气溶胶的分布及其特性。此外，在 INM-CM4 模型中，只有当一个胞内的湿度超过饱和值时才会触发大规模的冷凝，云所占胞内的比例和云的含水量都是独立于冷凝和诊断计算的。在 INM-CM4-8 模型中，云所占胞内的比例和云的含水量是根据进行演化的预测变量。

研究所使用的 INM-CM4-8 模型进行了从 1850～2014 年的历史模拟。根据 CMIP6 多年的观测结果，确定了温室气体浓度、人为气溶胶排放、火山气溶胶浓度、太阳常数和太阳辐射谱分布。利用 1979～2014 年的模拟资料分析了该地区的平均气温状态。利用同期的 ERA-interim 再分析资料、全球降水气候学计划（global precipitation climatology project，GPCP）降水资料和海洋状态资料，比较了全球的温度、气压、风速等气候参数，其中对三江源地区 INM-CM4-8 气候模式气温低估了 2°～4°。其降水与 INM-CM5 气候模式误差大致相同，误差在 0～1.5 mm/d，存在高估降水的现象，但这也是所有全球气候模式的共性问题。然而与其他 CMIP6 气候模式相比，INM-CM4-8 气候模式在长期极端降水的平均特征上差异更小。故本书选择 INM-CM4-8 气候模式开展三江源地区在未来气候变化情景下的径流变化趋势研究。

5.1.2 基准期全球气候模式模拟

三江源地区可利用气象站有 16 个，气象站信息在 4.4.1 小节有详细介绍。利用实测的降水量、最高气温和最低气温数据与 ERA5 再分析数据建立 INM-CM4-8 气候模式的统计降尺度模型，同时输出各个气象站在基准期降水量、最高气温和最低气温。再利用泰森多边形求得面平均降水、最高气温和最低气温值，据此进行基准期的降水量、气温模拟结果分析。

1. 基准期降水模拟结果

ERA5 再分析数据在 1979 年前后属于两个不同的版本，而全球气候模式数据又是将 2014 年之前作为历史试验，故本小节将基准期设置为 1980～2014 年，其中将率定期设置为 1980～1999 年，验证期设置为 2000～2014 年。降水模拟采用有条件模拟方式，用均值（mean）、标准差（std）、雨天百分率（wet）、最大连续干燥日数（cdd）来评价降水的模拟结果。

表 5.1、表 5.2 分别给出了 INM-CM4-8 气候模式在黄河源率定期与验证期面平均降水模拟结果对比情况。从表中可以看出在率定期各月降水的均值相对误差最大不超过 38.11%，验证期内各月降水的均值相对误差最大为 84.20%，大部分月份降水均值实测模拟相对误差集中在 20%～50%；率定期降水标准差相对误差最大不超过 8.10%，验证期标准差相对误差不高于 32.56%，且误差主要分布在 10%～30%。由于降水采用条件模拟方式，分析降水发生天数、最大连续干燥日数对结果分析尤为重要，黄河源降水发生天数实测与模拟的相对误差值在率定期最大不超过 8.33%。黄河源最大连续干燥日数的相对误差率定期与验证期最大分别不超过 52.17%、63.01%。

图 5.1 是黄河源 INM-CM4-8 气候模式率定期和验证期各月的日均降水量直方图。从图中可知气候模式模拟的各月面雨量与当前实测结果趋势变化相同。率定期气候模式模拟的结果差异较小；验证期气候模式模拟在 2～5 月明显高估了降水量，然而在 9～12 月出现明显低估了降水量的情况。

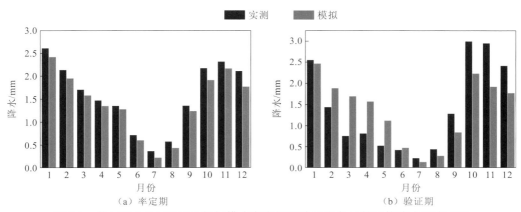

图 5.1 黄河源 INM-CM4-8 气候模式率定期和验证期各月的日均降水量直方图

表 5.1 黄河源率定期面平均降水模拟结果对比

月份	实测				模拟				相对误差 / %			
	mean / mm	std / mm	wet / %	cdd / d	mean / mm	std / mm	wet / %	cdd / d	mean	std	wet	cdd
1	2.61	3.02	56.22	4.77	2.43	3.06	55.21	3.83	-6.90	1.45	-1.80	-19.76
2	2.14	2.80	49.08	6.09	1.96	2.81	47.65	4.63	-8.48	0.63	-2.91	-23.94
3	1.72	3.16	32.26	14.37	1.59	3.38	30.41	7.34	-7.75	6.91	-5.71	-48.91
4	1.48	2.96	27.81	16.17	1.36	2.79	28.67	7.89	-7.92	-5.72	3.08	-51.24
5	1.35	2.62	27.74	15.43	1.29	2.62	27.47	8.57	-4.83	0.20	-1.00	-44.44
6	0.73	1.51	20.29	15.74	0.61	1.39	21.24	9.94	-17.50	-8.10	4.69	-36.84
7	0.37	0.74	12.17	16.83	0.23	0.71	11.15	15.91	-38.11	-4.68	-8.33	-5.43
8	0.58	1.16	19.54	15.83	0.44	1.07	18.06	11.49	-24.70	-7.65	-7.55	-27.44
9	1.36	2.23	33.43	12.66	1.25	2.19	33.33	6.97	-8.33	-1.83	-0.28	-44.92
10	2.17	3.27	42.76	10.51	1.92	3.02	41.75	5.03	-11.17	-7.54	-2.37	-52.17
11	2.32	3.38	45.33	8.31	2.17	3.44	43.71	4.63	-6.76	1.72	-3.57	-44.33
12	2.11	3.07	44.52	6.83	1.78	2.80	43.23	6.03	-15.62	-8.63	-2.90	-11.72

表 5.2　黄河源验证期面平均降水模拟结果对比

月份	实测				模拟				相对误差 / %			
	mean / mm	std / mm	wet / %	cdd / d	mean / mm	std / mm	wet / %	cdd / d	mean	std	wet	cdd
1	2.55	3.24	52.77	5.24	2.47	3.58	49.55	4.24	-12.56	-3.78	-5.20	-23.53
2	1.45	2.71	31.29	10.24	1.89	3.08	40.29	5.36	20.60	14.02	15.89	-51.09
3	0.76	2.20	14.71	20.72	1.70	3.24	32.39	7.28	61.78	30.32	67.61	-62.37
4	0.82	2.61	13.33	21.84	1.58	3.52	25.73	8.52	84.20	27.34	91.82	-61.17
5	0.53	1.77	11.35	21.92	1.12	2.75	22.84	9.16	76.33	32.56	86.55	-63.01
6	0.42	1.43	10.67	19.64	0.48	1.45	14.40	13.16	14.59	8.33	55.88	-42.68
7	0.23	0.71	6.45	21.84	0.14	0.63	5.94	20.68	-45.84	-6.76	-22.73	-3.93
8	0.44	1.10	13.42	15.32	0.28	0.91	10.71	14.24	-44.93	-20.43	-31.34	-3.48
9	1.29	2.50	31.47	11.04	0.85	1.94	23.33	9.36	-29.96	-10.92	-21.24	-31.84
10	3.00	4.17	51.48	8.00	2.24	3.82	40.39	5.80	-22.16	-3.50	-19.86	-26.38
11	2.95	4.21	49.20	6.76	1.93	3.52	35.20	6.20	-25.38	-10.53	-15.58	-25.17
12	2.41	3.67	43.74	7.84	1.77	3.33	36.00	6.12	-24.69	-14.28	-11.73	-12.33

　　表 5.3、表 5.4 分别给出了 INM-CM4-8 气候模式在长江源率定期与验证期面平均降水模拟结果对比情况。从表中可以看出在率定期各月降水的均值相对误差最大不超过61.93%，其中大部分月份的相对误差分布在 10%以内；验证期内各月降水的均值相对误差最大为 80.54%；率定期降水标准差相对误差最大不超过 11.73%，验证期标准差相对误差不高于 47.38%，误差主要分布在 10%～40%。降水采用条件模拟方式，分析降水发生天数、最大连续干燥日数对结果分析尤为重要，长江源降水发生天数实测与模拟的相对误差值在率定期最大不超过 3.11%，验证期降水发生天数相对误差主要分布在 50%以内，对于降水天数的模拟效果较好。长江源最大连续干燥日数的相对误差率定期与验证期最大分别不超过 57.65%、65.26%。

　　图 5.2 是长江源 INM-CM4-8 气候模式率定期和验证期各月的日均降水量直方图。从图中可知气候模式模拟的各月面雨量与当前实测结果趋势变化相同，在 7 月以前降水呈逐渐减小的趋势，7 月以后降水逐渐增多。模型存在与黄河源地区同样的问题，即率定期气候模式模拟的结果差异较小；验证期气候模式模拟在 2～5 月明显高估了降水量，然而在 9～12 月出现明显低估了降水量的情况。

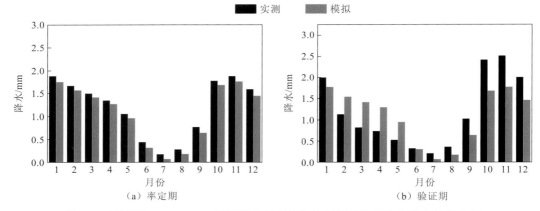

图 5.2　长江源 INM-CM4-8 气候模式率定期和验证期各月的日均降水量直方图

　　表 5.5、表 5.6 分别给出了 INM-CM4-8 气候模式在澜沧江源率定期与验证期面平均降水模拟结果对比情况。从表中可以看出在率定期各月降水的均值相对误差最大不超过27.87%，其中大部分月份相对误差分布在 10%以内；验证期内各月降水的均值相对误差最大为 123.80%，其中大部分均值相对误差处于 40%以内；率定期降水月平均标准差相对误差最大不超过 12.50%，验证期月平均标准差相对误差不高于 54.86%，误差主要分布在10%～40%。降水采用条件模拟方式，分析降水发生天数、最大连续干燥日数对结果分析尤为重要，澜沧江源降水发生天数实测与模拟的相对误差值在率定期最大不超过 18.40%，验证期降水发生天数相对误差大部分控制在 30%以内，对于降水天数的模拟效果较好。澜沧江源最大连续干燥日数的相对误差率定期与验证期最大分别不超过 51.70%、64.86%。

　　图 5.3 是澜沧江源 INM-CM4-8 气候模式率定期和验证期各月的日均降水量直方图。从图中可知气候模式模拟的各月面雨量与当前实测结果趋势变化相同，在 7 月以前降水

表 5.3　长江源率定期面平均降水模拟结果对比

月份	实测				模拟				相对误差 / %			
	mean / mm	std / mm	wet / %	cdd / d	mean / mm	std / mm	wet / %	cdd / d	mean	std	wet	cdd
1	1.88	2.16	52.90	5.20	1.75	2.17	52.74	4.00	-7.02	0.57	-0.32	-23.05
2	1.67	2.37	40.92	10.23	1.56	2.40	40.99	5.30	-6.83	1.15	0.19	-48.19
3	1.49	2.59	31.34	16.09	1.41	2.61	31.34	7.18	-5.11	1.06	0.01	-55.37
4	1.35	2.49	29.14	16.86	1.27	2.54	29.10	7.60	-5.46	2.05	-0.15	-54.93
5	1.05	1.80	28.48	17.00	0.96	1.82	28.45	7.88	-8.35	1.09	-0.12	-53.65
6	0.44	0.98	13.52	18.46	0.32	0.92	13.64	13.21	-28.51	-6.13	0.89	-28.42
7	0.18	0.40	4.33	23.26	0.07	0.35	4.20	22.74	-61.93	-11.73	-3.11	-2.21
8	0.28	0.63	9.40	19.66	0.18	0.60	9.31	16.74	-36.84	-4.47	-0.92	-14.85
9	0.77	1.49	23.43	13.91	0.64	1.40	23.50	9.08	-17.03	-6.39	0.30	-34.74
10	1.77	2.57	40.92	13.06	1.68	2.61	40.81	5.53	-5.48	1.47	-0.26	-57.65
11	1.87	2.66	41.33	10.60	1.76	2.68	41.22	5.39	-5.57	0.87	-0.28	-49.16
12	1.59	2.27	38.62	9.74	1.45	2.32	38.70	5.87	-8.33	2.25	0.21	-39.77

表5.4 长江源验证期平均面降水模拟结果对比

月份	实测				模拟				相对误差/%			
	mean/mm	std/mm	wet/%	cdd/d	mean/mm	std/mm	wet/%	cdd/d	mean	std	wet	cdd
1	2.00	2.19	54.84	5.04	1.76	2.18	52.90	4.04	-12.19	-0.42	-3.54	-19.75
2	1.13	1.99	28.71	13.00	1.54	2.38	40.66	5.38	36.68	20.02	41.61	-58.58
3	0.82	2.00	17.42	20.64	1.41	2.63	31.29	7.19	72.96	31.14	79.61	-65.17
4	0.73	1.90	16.40	21.68	1.29	2.53	29.48	7.53	75.40	33.11	79.75	-65.26
5	0.53	1.23	15.48	21.8	0.95	1.81	28.33	7.86	80.54	47.38	82.98	-63.94
6	0.33	0.89	9.20	21.44	0.31	0.91	13.42	13.43	-5.64	2.36	45.83	-37.37
7	0.21	0.42	4.90	22.68	0.07	0.36	4.44	22.17	-65.10	-13.93	-9.37	-2.25
8	0.36	0.72	12.52	16.72	0.18	0.60	9.46	16.48	-50.93	-16.08	-24.41	-1.43
9	1.02	1.69	30.80	11.68	0.64	1.39	23.52	9.11	-37.66	-17.40	-23.62	-22.04
10	2.41	2.78	55.23	8.88	1.68	2.59	41.17	5.39	-30.33	-6.97	-25.46	-39.33
11	2.51	2.88	54.53	7.20	1.77	2.69	41.32	5.41	-29.61	-6.43	-24.22	-24.85
12	2.00	2.49	47.10	7.64	1.46	2.33	39.00	5.74	-27.06	-6.41	-17.18	-24.92

表 5.5　澜沧江源率定期面平均降水模拟结果对比

月份	实测				模拟				相对误差 / %			
	mean / mm	std / mm	wet / %	cdd / d	mean / mm	std / mm	wet / %	cdd / d	mean	std	wet	cdd
1	2.40	3.21	49.49	5.69	2.27	3.30	48.48	4.40	-5.37	2.88	-2.05	-22.61
2	2.17	3.26	42.96	8.20	1.90	3.12	40.71	5.14	-12.50	-4.22	-5.23	-37.28
3	1.56	3.29	27.19	16.26	1.49	3.42	26.08	8.51	-4.87	3.80	-4.07	-47.63
4	1.46	3.31	23.90	17.34	1.24	3.19	21.14	9.11	-15.26	-3.72	-11.55	-47.45
5	1.20	2.70	23.50	17.69	1.17	2.69	24.42	8.54	-2.64	-0.19	3.92	-51.70
6	0.61	1.64	15.52	16.83	0.66	1.76	18.38	10.09	8.64	7.13	18.40	-40.07
7	0.20	0.66	5.99	22.09	0.14	0.67	5.81	20.43	-27.71	0.65	-3.08	-7.50
8	0.33	0.97	10.23	18.23	0.24	0.85	9.40	15.57	-27.87	-12.50	-8.11	-14.58
9	0.95	2.19	23.52	14.43	1.08	2.28	26.67	7.97	13.12	3.81	13.36	-44.75
10	2.18	3.76	38.34	11.14	2.09	3.80	36.68	5.91	-4.30	0.96	-4.33	-46.92
11	2.19	3.79	37.71	9.97	1.99	3.48	37.71	5.66	-9.08	-8.22	0.00	-43.27
12	1.92	3.31	36.59	8.94	1.80	3.21	38.06	5.89	-6.53	-2.93	4.03	-34.19

表 5.6　澜沧江源验证期平均面水模拟结果对比

月份	实测					模拟					相对误差/%			
	mean / mm	std / mm	wet / %	cdd / d		mean / mm	std / mm	wet / %	cdd / d		mean	std	wet	cdd
1	2.55	3.24	52.77	5.24		2.47	3.58	49.55	4.24		-3.13	10.52	-6.11	-19.08
2	1.45	2.71	31.29	10.24		1.89	3.08	40.29	5.36		30.42	13.83	28.77	-47.66
3	0.76	2.20	14.71	20.72		1.70	3.24	32.39	7.28		123.80	46.80	120.18	-64.86
4	0.82	2.61	13.33	21.84		1.58	3.52	25.73	8.52		92.01	34.83	93.00	-60.99
5	0.53	1.77	11.35	21.92		1.12	2.75	22.84	9.16		112.71	54.86	101.14	-58.21
6	0.42	1.43	10.67	19.64		0.48	1.45	14.40	13.16		12.68	1.45	35.00	-32.99
7	0.23	0.71	6.45	21.84		0.14	0.63	5.94	20.68		-37.54	-11.41	-8.00	-5.31
8	0.44	1.10	13.42	15.32		0.28	0.91	10.71	14.24		-35.92	-17.88	-20.19	-7.05
9	1.29	2.50	31.47	11.04		0.85	1.94	23.33	9.36		-34.48	-22.46	-25.85	-15.22
10	3.00	4.17	51.48	8.00		2.24	3.82	40.39	5.80		-25.39	-8.47	-21.55	-27.50
11	2.95	4.21	49.20	6.76		1.93	3.52	35.20	6.20		-34.61	-16.35	-28.46	-8.28
12	2.41	3.67	43.74	7.84		1.77	3.33	36.00	6.12		-26.68	-9.34	-17.70	-21.94

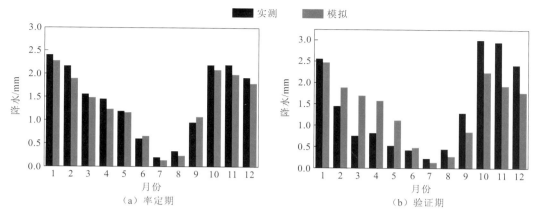

图 5.3　澜沧江源 INM-CM4-8 气候模式率定期和验证期各月的日均降水量直方图

呈逐渐减小的趋势，7 月以后降水逐渐增多。模型存在与黄河源、长江源地区同样的问题，即率定期气候模式模拟的结果差异较小；验证期气候模式模拟在 2～6 月明显高估了降水量，然而在 9～12 月出现明显低估了降水量的情况。

2. 基准期气温模拟结果

基准期气温模拟采用无条件模拟，用均值、标准差来评估气温模拟结果。

1）黄河源

表 5.7、表 5.8 分别给出了 INM-CM4-8 气候模式在黄河源率定期与验证期面平均最高气温模拟结果对比情况。从表中可以看出在率定期最高气温的模拟效果非常好，均值的相对误差最大不超过 4.53%，验证期最高气温均值的相对误差最大为 36.45%。在率定期最高气温的月平均标准差的相对误差均小于 5%，并且大部分集中在 3% 以内；在验证期最高气温的月平均标准差的相对误差集中在 22% 以内。模型对黄河源的气温模型结果整体可信度较高。

表 5.7　黄河源率定期面平均最高气温模拟结果对比

月份	实测/℃		模拟/℃		相对误差/%	
	mean	std	mean	std	mean	std
1	11.54	5.69	11.67	5.73	1.17	0.76
2	14.27	4.60	14.30	4.80	0.23	4.27
3	15.66	3.67	15.82	3.72	1.03	1.43
4	14.67	3.30	14.77	3.21	0.70	-2.60
5	13.46	5.46	13.68	5.65	1.64	3.44
6	10.77	7.24	10.39	7.54	-3.51	4.14
7	7.25	8.00	7.31	8.00	0.83	-0.10
8	4.15	6.61	4.33	6.71	4.26	1.52
9	3.18	4.21	3.22	4.25	1.26	0.90

月份	实测/℃		模拟/℃		相对误差/%	
	mean	std	mean	std	mean	std
10	3.92	4.26	4.10	4.20	4.53	-1.26
11	5.62	5.88	5.62	5.97	-0.10	1.52
12	8.89	6.24	8.61	6.21	-3.13	-0.36

表 5.8　黄河源验证期面平均最高气温模拟结果对比

月份	实测/℃		模拟/℃		相对误差/%	
	mean	std	mean	std	mean	std
1	13.65	4.75	11.80	5.75	-13.54	20.99
2	15.76	3.92	14.28	4.76	-9.35	21.37
3	16.68	3.25	15.54	3.73	-6.83	14.69
4	14.37	3.45	14.73	3.29	2.52	-4.63
5	11.41	4.86	13.44	5.54	17.83	13.98
6	7.95	6.52	10.49	7.32	31.87	12.20
7	4.02	6.97	5.28	8.03	31.30	15.18
8	1.60	5.81	1.99	6.82	24.10	17.55
9	2.39	4.23	3.26	4.49	36.45	5.99
10	4.68	4.34	4.01	4.21	-14.20	-2.89
11	7.58	5.46	5.30	5.99	-29.99	9.69
12	11.33	5.05	8.53	6.09	-24.78	20.63

　　图 5.4 是黄河源 INM-CM4-8 气候模式率定期和验证期各月的最高气温变化直方图，由图可知在月变化趋势上模拟结果与实测结果是一致的。但就验证期来说，最高气温的模拟在 4～9 月份轻微高估了最高气温，其余月份出现不同程度的细微低估最高气温的情况。

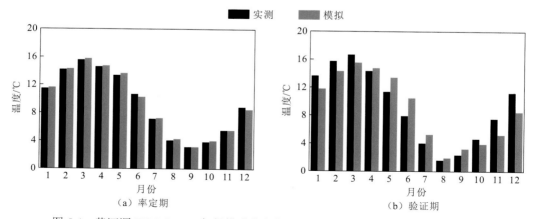

图 5.4　黄河源 INM-CM4-8 气候模式率定期和验证期各月的最高气温变化直方图

　　表 5.9、表 5.10 给出了 INM-CM4-8 气候模式在黄河源率定期和验证期面平均最低气温模拟结果对比情况。从表中可以看出在率定期最低气温的均值的相对误差最大不超过21.48%，并且较大月份相对误差集中在 10% 以内。在验证期最低气温的均值的相对误差最大不超过 47.26%，并且大部分月份的均值的相对误差集中在 30% 以内。在率定期最低气温的月平均标准差的相对误差集中在 6% 以内，3 月、5 月、10 月、12 月相对误差更是不足 1%，在验证期最低气温的月平均标准差的相对误差最高为 35.62%，大部分月份集中在 20% 以内。总体来说，本次研究构建的自动统计降尺度模型对黄河源最低气温模拟效果较好。

表 5.9　黄河源率定期面平均最低气温模拟结果对比

月份	实测/℃		模拟/℃		相对误差/%	
	mean	std	mean	std	mean	std
1	-2.07	7.24	-2.24	7.03	8.08	-2.98
2	1.17	5.50	1.04	5.41	-10.97	-1.54
3	2.22	3.65	1.99	3.67	-10.16	0.41
4	2.56	3.33	2.54	3.51	-0.84	5.56
5	0.72	5.81	0.88	5.77	21.48	-0.60
6	-4.25	8.96	-4.37	9.39	2.74	4.79
7	-9.21	10.96	-8.94	11.33	-2.95	3.43
8	-12.85	9.46	-12.54	9.34	-2.41	-1.25
9	-13.97	4.74	-13.76	4.79	-1.53	1.04
10	-12.75	5.24	-12.64	5.21	-0.85	-0.64
11	-10.65	7.58	-10.76	7.99	1.03	5.46
12	-6.67	8.03	-6.96	8.00	4.34	-0.42

表 5.10　黄河源验证期面平均最低气温模拟结果对比

月份	实测/℃		模拟/℃		相对误差/%	
	mean	std	mean	std	mean	std
1	0.94	5.98	1.26	7.21	33.41	20.50
2	3.38	4.69	2.60	5.51	-23.06	17.50
3	3.36	3.29	2.36	3.70	-29.79	12.38
4	2.18	3.50	2.44	3.34	11.73	-4.48
5	-1.19	5.54	-0.96	5.73	-19.33	3.48
6	-8.07	7.59	-4.26	9.00	-47.26	18.65
7	-13.95	9.20	-9.40	11.06	-32.63	20.14

续表

月份	实测/℃		模拟/℃		相对误差/%	
	mean	std	mean	std	mean	std
8	-16.89	7.89	-12.68	9.96	-24.93	26.28
9	-15.13	4.59	-14.23	4.69	-5.96	2.25
10	-11.16	5.00	-12.65	5.28	13.35	5.73
11	-7.50	6.25	-10.21	7.52	36.09	20.33
12	-3.12	6.23	-3.59	8.45	15.02	35.62

图 5.5 是黄河源 INM-CM4-8 气候模式率定期和验证期各月的最低气温变化直方图，由图可知在整体的变化趋势上模拟结果与实测结果是一致的。但就验证期来说，最低气温的模拟在 4～9 月份轻微高估了最低气温，其余月份大多出现不同程度的细微低估最低气温的情况。

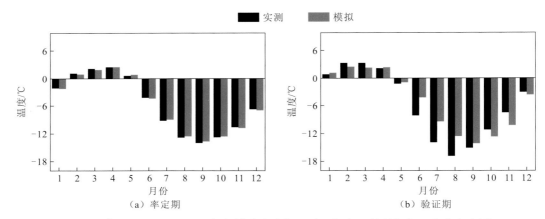

图 5.5 黄河源 INM-CM4-8 气候模式率定期和验证期各月的最低气温变化直方图

2）长江源

表 5.11、表 5.12 分别给出了 INM-CM4-8 气候模式在长江源率定期与验证期面平均最高气温模拟结果对比情况。从表中可以看出在率定期最高气温的模拟效果非常好，均值的相对误差最大不超过 12.92%，验证期最高气温均值的相对误差最大为 60.35%。在率定期最高气温的月平均标准差的相对误差均小于 5.60%，并且大部分集中在 2%以内；在验证期最高气温的月平均标准差的相对误差集中在 25.14%以内。模型对长江源的气温模型结果整体可信度较高。

图 5.6 是长江源 INM-CM4-8 气候模式率定期和验证期各月的最高气温变化直方图，由图可知在整体的变化趋势上模拟结果与实测结果是一致的。

表 5.11　长江源率定期面平均最高气温模拟结果对比

月份	实测/℃		模拟/℃		相对误差/%	
	mean	std	mean	std	mean	std
1	7.89	6.37	8.07	6.38	2.22	0.15
2	10.81	5.12	10.82	5.05	0.14	-1.45
3	12.27	3.88	12.42	3.92	1.23	1.05
4	11.79	3.13	11.88	3.05	0.74	-2.62
5	9.99	6.05	10.32	6.02	3.34	-0.49
6	6.27	8.38	6.07	8.42	-3.14	0.48
7	2.68	9.05	2.71	8.81	1.12	-2.71
8	-0.98	7.23	-0.95	6.82	-3.52	-5.60
9	-1.87	4.02	-1.70	3.95	-8.83	-1.68
10	-0.57	3.85	-0.64	3.87	12.92	0.46
11	1.17	5.80	1.18	5.73	1.27	-1.29
12	4.63	6.80	4.53	6.75	-2.23	-0.76

表 5.12　长江源验证期面平均最高气温模拟结果对比

月份	实测/℃		模拟/℃		相对误差/%	
	mean	std	mean	std	mean	std
1	10.39	5.43	8.22	6.45	-20.88	18.81
2	12.74	4.41	10.87	5.21	-14.67	18.19
3	13.54	3.38	12.15	4.07	-10.22	20.18
4	11.64	3.26	11.93	3.13	2.50	-4.00
5	7.71	5.56	10.19	5.95	32.13	7.10
6	2.86	7.42	2.22	8.46	-22.25	14.02
7	-1.12	7.81	-0.93	8.75	-16.54	12.02
8	-3.91	6.07	-3.86	7.00	-1.30	15.31
9	-2.76	4.06	-1.94	4.02	-29.73	-0.93
10	0.21	3.77	0.32	3.74	51.06	-0.99
11	3.19	5.29	1.26	5.83	-60.35	10.16
12	7.45	5.51	4.93	6.90	-33.77	25.14

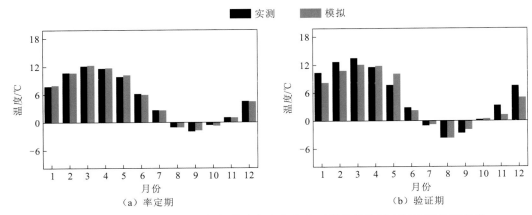

图 5.6 长江源 INM-CM4-8 气候模式率定期和验证期各月的最高气温变化直方图

表 5.13、表 5.14 给出了 INM-CM4-8 气候模式在长江源率定期和验证期面平均最低气温模拟结果对比情况。从表中可以看出在率定期最低气温的均值的相对误差最大不超过 53.40%，并且较大一部分均值的相对误差集中在 10%以内。在验证期最低气温的均值的相对误差最大为 64.01%，并且大部分月份的均值的相对误差集中在 30%以内。在率定期最低气温的月平均标准差的相对误差集中在 4%以内，1 月、4 月、6 月、8 月、12 月相对误差更是不足 1%；在验证期最低气温的月平均标准差的相对误差最高为 33.45%，大部分月份相对误差集中在 20%以内。总体来说，表明本次研究构建的自动统计降尺度模型对长江源最低气温模拟效果较好。

表 5.13 长江源率定期面平均最低气温模拟结果对比

月份	实测/℃		模拟/℃		相对误差/%	
	mean	std	mean	std	mean	std
1	-4.95	7.75	-4.91	7.83	-0.68	0.99
2	-1.42	6.09	-1.24	6.22	-12.16	2.19
3	0.17	3.66	0.08	3.54	-53.40	-3.35
4	0.81	2.73	0.85	2.74	5.35	0.54
5	-1.75	6.42	-1.72	6.32	-1.60	-1.53
6	-7.12	10.10	-7.11	10.05	-0.16	-0.46
7	-11.31	11.27	-11.39	11.56	0.76	2.57
8	-14.90	9.16	-14.92	9.12	0.12	-0.39
9	-16.70	4.43	-16.60	4.50	-0.60	1.52
10	-15.64	4.48	-15.57	4.61	-0.48	2.80
11	-13.49	6.42	-13.72	6.67	1.71	3.87
12	-9.29	7.64	-9.38	7.63	0.94	-0.09

表 5.14　长江源验证期面平均最低气温模拟结果对比

月份	实测/℃		模拟/℃		相对误差/%	
	mean	std	mean	std	mean	std
1	-1.56	6.22	-1.88	8.25	20.96	32.77
2	1.24	4.82	1.54	6.03	23.56	25.06
3	1.52	3.07	1.01	3.55	-33.15	15.61
4	0.49	2.88	0.80	2.79	64.01	-3.12
5	-4.14	5.95	-2.02	6.10	-51.26	2.58
6	-11.55	8.47	-6.97	10.01	-39.63	18.19
7	-16.23	9.50	-11.23	11.24	-30.80	18.31
8	-18.68	7.90	-15.34	8.70	-17.92	10.17
9	-17.65	4.49	-16.77	4.39	-5.00	-2.42
10	-14.44	4.35	-15.81	4.52	9.44	3.92
11	-11.04	5.49	-13.40	6.31	21.35	14.98
12	-5.89	5.90	-8.98	7.87	52.61	33.45

　　图 5.7 是长江源 INM-CM4-8 气候模式率定期和验证期各月的最低气温变化直方图，由图可知在整体的变化趋势上模拟结果与实测结果是一致的。但就验证期来说，最低气温的模拟在 4～9 月份轻微高估了最低气温，其余月份大多出现不同程度的细微低估最低气温的情况。

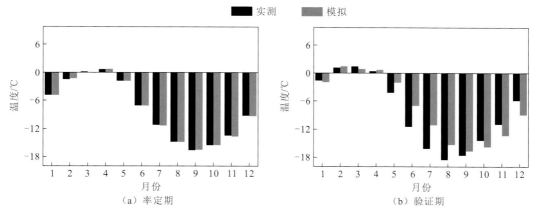

图 5.7　长江源 INM-CM4-8 气候模式率定期和验证期各月的最低气温变化直方图

3）澜沧江源

　　表 5.15、表 5.16 分别给出了 INM-CM-4-8 气候模式在澜沧江源率定期与验证期面平均最高气温模拟结果对比情况。从表中可以看出在率定期最高气温的模拟效果非常好，均值的相对误差最大不超过 4%，验证期最高气温均值相对误差最大为 78.14%。在率定期最高气温的月平均标准差的相对误差均小于 5%，并且大部分集中在 3% 以内；在验证期最高气温的月平均标准差相对误差集中在 23% 以内。模型对澜沧江源的气温模型结果整体可信度较高。

表 5.15　澜沧江源率定期面平均最高气温模拟结果对比

月份	实测/℃		模拟/℃		相对误差/%	
	mean	std	mean	std	mean	std
1	11.04	6.01	11.31	5.73	2.48	−4.63
2	13.49	4.80	13.17	4.94	−2.43	3.01
3	14.82	3.64	14.79	3.66	−0.25	0.66
4	14.55	3.27	14.44	3.24	−0.70	−0.86
5	12.99	5.69	13.15	5.66	1.28	−0.52
6	9.61	7.74	9.24	7.50	−3.85	−3.03
7	6.22	8.70	6.26	8.59	0.70	−1.16
8	2.87	6.93	2.87	6.89	0.34	−0.52
9	2.07	4.02	2.03	4.11	−1.73	2.15
10	3.19	3.86	3.29	3.77	2.92	−2.26
11	4.85	5.39	5.00	5.59	3.13	3.68
12	8.18	6.19	8.49	6.32	3.83	2.05

表 5.16　澜沧江源验证期面平均最高气温模拟结果对比

月份	实测/℃		模拟/℃		相对误差/%	
	mean	std	mean	std	mean	std
1	13.33	5.16	11.27	5.91	−15.45	14.41
2	15.21	4.19	13.00	4.67	−14.54	11.40
3	15.90	3.18	15.04	3.52	−5.44	10.61
4	14.42	3.40	14.47	3.30	0.36	−2.94
5	11.04	5.42	13.25	5.78	20.04	6.82
6	6.49	6.85	9.52	8.16	46.59	19.11
7	2.62	7.52	2.28	8.51	−13.11	13.16
8	0.12	5.79	0.10	7.07	−17.63	22.06
9	1.18	4.01	2.11	4.10	78.14	2.08
10	3.87	3.75	3.42	3.80	−11.66	1.43
11	6.64	4.94	5.07	5.18	−23.63	4.86
12	10.63	5.18	7.98	6.09	−24.97	17.48

　　图 5.8 是澜沧江源 INM-CM4-8 气候模式率定期和验证期各月的最高气温变化直方图，由图可知在整体的变化趋势上模拟结果与实测结果是一致的。但就验证期来说，最

高气温的模拟在 5～9 月份轻微高估了最高气温,其余月份出现不同程度的细微低估最高气温的情况。

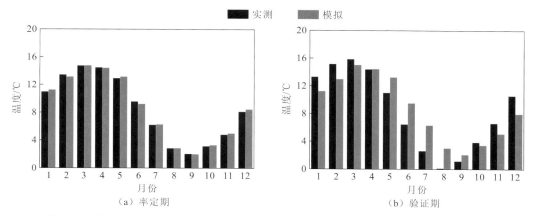

图 5.8　澜沧江源 INM-CM4-8 气候模式率定期和验证期各月的最高气温变化直方图

表 5.17、表 5.18 分别给出了 INM-CM4-8 气候模式在澜沧江源率定期和验证期面平均最低气温模拟结果对比情况。从表中可以看出在率定期最低气温的均值相对误差最大不超过 9%,并且较大一部分误差集中在 5% 以内。在验证期最低气温的均值的相对误差最大不超过 77.59%。在率定期最低气温的月平均标准差相对误差集中在 3% 以内,在验证期最低气温的月平均标准差的相对误差最高不超过 29.61%。总体来说,表明本次研究构建的自动统计降尺度模型对澜沧江源最低气温模拟效果较好。

表 5.17　澜沧江源率定期面平均最低气温模拟结果对比

月份	实测/℃		模拟/℃		相对误差/%	
	mean	std	mean	std	mean	std
1	0.94	6.50	0.86	6.37	−8.15	−1.96
2	3.59	5.21	3.88	5.16	8.08	−1.00
3	4.67	3.50	4.61	3.52	−1.21	0.69
4	5.30	2.95	5.34	2.93	0.65	−0.80
5	3.23	5.65	3.05	5.79	−5.69	2.64
6	−1.34	8.65	−1.45	8.62	7.93	−0.36
7	−5.27	9.89	−5.19	9.87	−1.62	−0.21
8	−8.41	8.06	−8.54	8.14	1.56	0.95
9	−9.38	4.00	−9.31	3.96	−0.72	−0.85
10	−8.50	4.52	−8.59	4.55	1.15	0.63
11	−6.78	6.03	−7.05	5.88	4.02	−2.44
12	−3.13	6.56	−3.23	6.62	3.18	0.86

表 5.18 澜沧江源验证期面平均最低气温模拟结果对比

月份	实测/℃		模拟/℃		相对误差/%	
	mean	std	mean	std	mean	std
1	3.67	5.32	0.82	6.57	−77.59	23.32
2	5.68	4.41	3.47	5.61	−38.96	27.09
3	5.70	3.18	4.90	3.41	−13.96	7.25
4	4.89	3.07	5.41	2.85	10.72	−7.18
5	1.15	5.21	1.68	5.62	45.50	7.77
6	−5.15	7.20	−1.82	8.73	−64.69	21.35
7	−9.55	8.35	−5.11	9.88	−46.48	18.31
8	−11.69	6.94	−8.05	7.99	−31.13	15.24
9	−10.13	4.09	−9.35	3.92	−7.66	−4.26
10	−7.23	4.28	−8.58	4.53	18.74	5.81
11	−4.63	5.27	−6.74	6.41	45.78	21.62
12	−0.40	5.31	−0.58	6.88	44.16	29.61

图 5.9 是澜沧江源 INM-CM4-8 气候模式在率定期和验证期各月的最低气温变化直方图，由图可知在整体的变化趋势上模拟结果与实测结果是一致的。但就验证期来说，最低气温的模拟在 4～9 月份轻微高估了最低气温，其余月份出现不同程度的细微低估最低气温的情况。

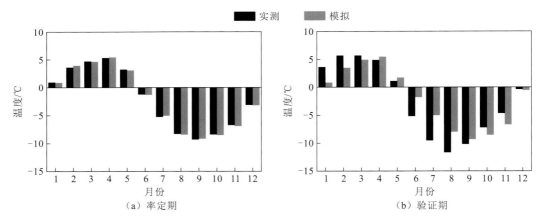

图 5.9 澜沧江源 INM-CM4-8 气候模式率定期和验证期各月的最低气温变化直方图

5.2　未来三江源降水、气温、径流变化趋势

5.2.1　统计降尺度模型

　　由全球气候模型发展而来的气候变化情景是估计可能的未来气候的最初信息来源。然而，全球气候模型的空间分辨率过于粗糙，无法解析区域尺度效应，其输出也无法直接用于局部影响研究。缩小比例技术可能提供了一种改进全球气候变化产出中的区域或地方变量估计的方法。

　　统计降尺度是建立在区域气候受局部地形特征和大尺度大气状态制约的基本假设基础上的。基于这一假设，可以在当地观测到的气象变量和大尺度气候场之间建立统计关系。全球气候模式模拟可以提供未来大尺度大气条件的信息，并与这些统计模型结合使用，将尺度降至当地水平。统计降尺度方法的主要缺点：它们基于基本假设不可验证，即使现在的统计学关系非常发达且有不同强制条件下合理的气候场，也并不能明确地描述物理过程对气候的影响。尽管有这些限制，这些方法可能有助于异质环境中的影响研究和/或生成大型集成或瞬态场景。

　　1. 模型原理及结构

　　自动统计降尺度模型是由 Hessami 等[231]于 2008 年在统计降尺度模型基础上发展起来的一种降尺度方法，该方法同样基于回归分析原理，因具有 MATLAB2008 环境下的便捷工具包而得到广泛应用。

　　自动统计降尺度模型对于气温和降水分别进行无条件模拟和有条件模拟，以降水模拟为例进行如下说明：

$$O_i = a_0 + \sum_{j=1}^{m} a_j p_{ij} \tag{5.1}$$

$$R_i^{0.25} = \beta_0 + \sum_{j=1}^{m} \beta_j p_{ij} + e_i \tag{5.2}$$

式中：O_i 为降水发生的频率；R_i 为日降水量；p_{ij} 为预报因子；m 为预报因子数量；a、β 为模型误差；e_i 为残差。日温度的建模如下：

$$T_i = \gamma_0 + \sum_{j=1}^{n} \gamma_j p_{ij} + e_i \tag{5.3}$$

式中：T_i 为日温度；γ 为模型参数。获得确定性分量后，假设残差项服从高斯分布，对残差项进行建模：

$$e_i = \sqrt{\mathrm{VIF}/12} Z_i S_e + b \tag{5.4}$$

式中：Z_i 为正态分布随机数；S_e 为模拟系列的标准差；b 为模型的模拟误差；VIF 为方差放大因子。由美国国家环境预报中心预报因子率定时，$b = 0$，VIF=12；应用全球气候模

式进行未来气候预测时，b 和 VIF 的计算原理分别为

$$b = M_{obs} - M_d \tag{5.5}$$

$$VIF = \frac{12(V_{obs} - V_d)}{S_e^2} \tag{5.6}$$

式中：V_{obs}、V_d 分别为率定期内实测和模拟序列的方差；S_e 为标准差；M_{obs}、M_d 分别为率定期内实测和模拟序列的均值。

当预报因子间有很强的相关性时，使用最小二乘法计算回归系数并不稳定，因此自动统计降尺度提供两种方法计算统计关系：当预报因子间的相关性很强时，采用岭回归法，而一般情况下常用多元线性回归法。自动统计降尺度模型结构如图 5.10 所示。

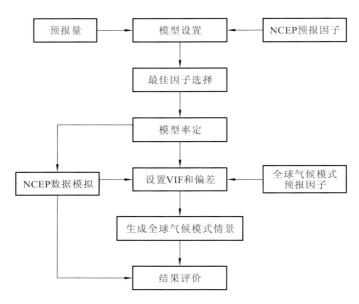

图 5.10　自动统计降尺度模型结构图

2. 预报因子选择

构建统计降尺度模型的首要步骤，就是选择出最能表示预报量的大尺度预报因子。Li 等[99]总结出预报因子的选取原则：①所选因子能表征大尺度气候场的气候变化过程；②所选因子与所选预报量间强相关；③所选因子之间无关或弱相关；④所选因子能被全球气候模式较准确模拟。表 5.19 给出了常用的备选大尺度预报因子。

表 5.19　常用的备选大尺度预报因子

变量	变量全称及含义	变量标准名
hur	relative humidity 相对湿度	relative_humidity
hus	specific humidity 比湿	specific_humidity
huss	surface specific humidity 海平面比湿	specific_humidity

续表

变量	变量全称及含义	变量标准名
pr	precipitation 降水量	precipitation_flux
psl	sea level pressure 海平面气压	air_pressure_at_sea_level
ta	temperature 地表温度	air_temperature
tas	surface air temperature 海平面温度	air_temperature
tasmax	maximum daily surface air temperature 日最大海平面温度	air_temperature
tasmin	minimum daily surface air temperature 日最小海平面温度	air_temperature
ua	zonal wind component 纬向风分量	eastward_wind
uas	zonal surface wind speed 纬向海平面风速	eastward_wind
va	meridional wind component 经向风分量	northward_wind
vas	meridional surface wind speed 经向海平面风速	northward_wind
zg	geopotential height 位势高度	geopotential_height

三江源地区是典型的高原大陆性气候：冷热两季分明、干湿两季交替；年际温差较小，昼夜温差较大。冷季时，由于受到青藏高原冷气流影响，温度低、降雨少，较为干燥；热季时，由于受到印度洋暖季风影响，降雨比较充沛，具有明显雨热同期特征。同时考虑预报因子资料的完整性，在此处选取相对湿度（hur）、降水（pr）、海平面气压（psl）、地表温度（ta）、纬向风分量（ua）、经向风分量（va）作为此次建立自动统计降尺度模型的 6 个大尺度预报因子。其中 NECP 数据选用当前在三江源地区适用性较好的 ERA5 数据集替代。全球气候模式选用 INM-CM4-8 气候模式，表 5.20 为 ERA5 数据集与全球气候模式预报因子对应表。

表 5.20 ERA5 数据集与全球气候模式预报因子对应表

ERA5	全球气候模式	简称	备注
2 m dewpoint temperature 2 m 露点温度	relative humidity 相对湿度	hur	结合温度和压力 计算相对湿度
total precipitation 总降水量	precipitation 降水量	pr	—
surface pressure 海平面压力	sea level pressure 海平面气压	psl	—
2 m temperature 地面 2 m 温度	temperature 地表温度	ta	—
10 m *u*-component of wind 地面 10 m 处风速的 *u* 分量	zonal wind component 纬向风分量	ua	—
10 m *v*-component of wind 地面 10 m 处风速的 *v* 分量	meridional wind component 经向风分量	va	—

其中：ERA5 再分析资料数据精度是 0.25°×0.25°，而 INM-CM4-8 气候模式的数据精度是 2°×1.5°，为方便计算，需要将所有预报因子插值到对应气象站所处经纬度上，并且每一个预报因子需要整理成单列的文件储存。

5.2.2　未来降水变化趋势

利用上述建立好的自动统计降尺度模型，输入 2022～2100 年在三种情景（SSP1-2.6、SSP2-4.5、SSP5-8.5）下的大尺度预报因子，采用有条件模拟的方式得到三江源地区 16 个气象站点位置上的降水，采用无条件模拟的方式得到气象站点上最高气温及最低气温的模拟结果，并采用泰森多边形方法计算得到三江源地区不同情景下的降水变化情况。

1. 黄河源

图 5.11～图 5.13 分别为黄河源在气候变化 SSP1-2.6 情景下、SSP2-4.5 情景下和SSP5-8.5 情景下的降水变化情况。SSP1-2.6 情景下降水多年平均为 533 mm，较历史实测期降水减少了 41 mm，这一情景下的降水以 0.095 mm/a 的速率在减小。SSP2-4.5 情景下降水多年平均为 493 mm，较历史实测期降水减少了 81 mm，并且这一情景下的降水以 0.19 mm/a 的速率在减小，预测在 100 年后降水将减少 19 mm。SSP5-8.5 情景下降水多年平均为 497 mm，较历史实测期降水减少了 77 mm，且该情景下降水呈现不显著的下降趋势，变化率为-0.16 mm/a（表 5.21）。

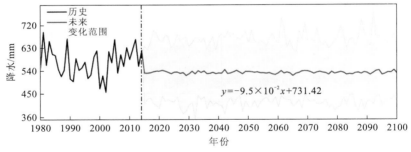

图 5.11　黄河源 SSP1-2.6 降水

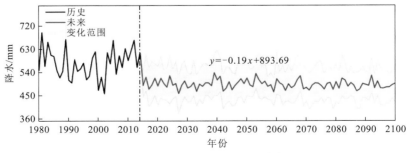

图 5.12　黄河源 SSP2-4.5 降水

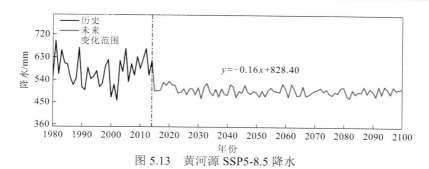

图 5.13　黄河源 SSP5-8.5 降水

表 5.21　黄河源不同情景下的降水变化情况

情景	历史实测/mm	均值/mm	变化/mm	趋势/（mm/a）
SSP1-2.6	574	533	−41	−0.095
SSP2-4.5	574	493	−81	−0.19
SSP5-8.5	574	497	−77	−0.16

2. 长江源

图 5.14～图 5.16 分别为长江源在气候变化 SSP1-2.6 情景下、SSP2-4.5 情景下、SSP5-8.5 情景下的降水变化情况，SSP1-2.6 情景下降水多年平均为 498 mm，较历史实测期降水增加了 165 mm，这一情景下的降水变化幅度较小，以 3.8×10^{-3} mm/a 的速率在减小。SSP2-4.5 情景下降水多年平均为 537 mm，较历史实测期降水增加了 204 mm，这一情景下的降水变化幅度同样较小，以 2.9×10^{-2} mm/a 的速率在减小，预测在 100 年后降水将减少 2.9 mm。SPP5-8.5 情景下降水多年平均为 530 mm，较历史实测期降水增加了 197 mm，该情景下降水呈现不显著的下降趋势，变化率仅为 -1.49×10^{-2} mm/a（表 5.22）。

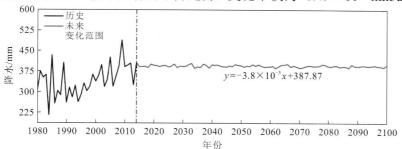

图 5.14　长江源 SSP1-2.6 降水

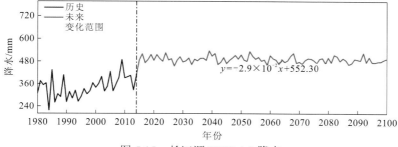

图 5.15　长江源 SSP2-4.5 降水

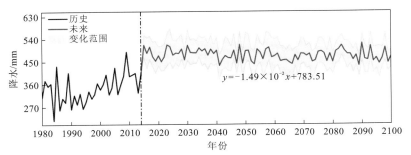

图 5.16　长江源 SSP5-8.5 降水

表 **5.22**　长江源不同情景下降水变化情况

情景	历史实测/mm	均值/mm	变化/mm	趋势/（mm/a）
SSP1-2.6	333	498	165	-3.8×10^{-3}
SSP2-4.5	333	537	204	-2.9×10^{-2}
SSP5-8.5	333	530	197	-1.49×10^{-2}

3. 澜沧江源

图 5.17～图 5.19 分别为澜沧江源在气候变化 SSP1-2.6 情景下、SSP2-4.5 情景下、SSP5-8.5 情景下的降水变化趋势，未来情景下的降水均出现明显大于历史实测降水的异常情况，其中在 SSP1-2.6 情景下年平均降水减少了 136 mm，且降水以 0.17 mm/a 的趋势在减少。而其他两个情景下降水增加了 440 mm、476 mm，并分别以 0.18 mm/a、1.01 mm/a 的速率在增加（表 5.23）。

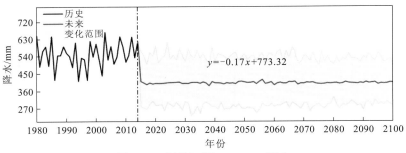

图 5.17　澜沧江源 SSP1-2.6 降水

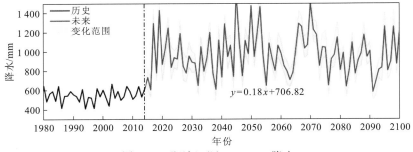

图 5.18　澜沧江源 SSP2-4.5 降水

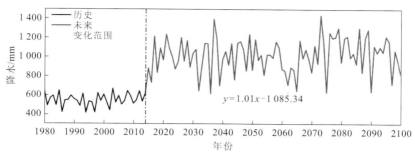

图 5.19　澜沧江源 SSP5-8.5 降水

表 **5.23**　澜沧江源不同情景下降水变化情况

情景	历史实测/mm	均值/mm	变化/mm	趋势/（mm/a）
SSP1-2.6	538	402	-136	-0.17
SSP2-4.5	538	978	440	0.18
SSP5-8.5	538	1 014	476	1.01

5.2.3　未来气温变化趋势

未来气温的模拟采用同降水一样的模拟方法，区别在于气温采用无条件模拟的方式，因此得到 2015～2100 年三江源地区不同情景下的最高温度和最低温度的变化情况。

1. 黄河源

图 5.20～图 5.22 和表 5.24 分别为黄河源在气候变化 SSP1-2.6 情景下、SSP2-4.5 情景下、SSP5-8.5 情景下的气温变化情况。在 3 种情景下，最高温度高于历史高温 2.2～5.8 ℃，最低温度低于历史低温 -6～-2 ℃。其中：在 SSP1-2.6 情景下，预计到 2100 年升温 1 ℃左右，低于 RCP2.6 情景预计到 2100 年升温 1.6～3.6 ℃；在 SSP2-4.5 情景下，预计到 2100 年升温 5 ℃左右，这与 RCP4.5 情景预计到 2100 年升温 2.4～5.5 ℃基本一致；在 SSP5-8.5 情景下，预计到 2100 年升温 6 ℃左右，这与 RCP8.5 情景预计到 2100 年升温 4.6～10.3 ℃基本一致。

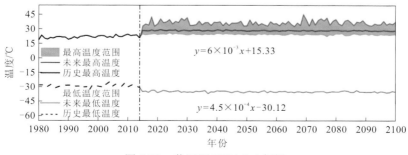

图 5.20　黄河源 SSP1-2.6 气温

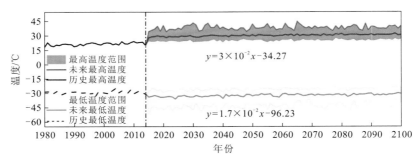

图 5.21　黄河源 SSP2-4.5 气温

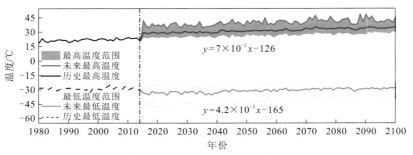

图 5.22　黄河源 SSP5-8.5 气温

表 5.24　黄河源不同情景下气温变化情况

情景	最高温度				最低温度			
	历史温度/℃	模拟/℃	变化/℃	趋势/(℃/a)	历史温度/℃	模拟/℃	变化/℃	趋势/(℃/a)
SSP1-2.6	25.2	28	2.8	6×10^{-3}	-29	-35	-6	4.5×10^{-4}
SSP2-4.5	25.2	30	4.8	3×10^{-2}	-29	-32	-3	1.7×10^{-2}
SSP5-8.5	25.2	31	5.8	7×10^{-2}	-29	-31	-2	4.2×10^{-2}

2. 长江源

图 5.23～图 5.25 和表 5.25 分别为长江源在气候变化 SSP1-2.6 情景下、SSP2-4.5 情景下、SSP5-8.5 情景下的气温变化情况，在不同情景下模拟未来 100 年内最高温度要略高于历史高温 1.1～4.9 ℃，而最低温度却明显低于历史低温-9.9～-3.5 ℃。其中：在 SSP1-2.6 情景下，预计到 2100 年最高温度将保持不变，最低温度将升高 7 ℃左右；在 SSP2-4.5 情景下，预计到 2100 年最高温度也基本与现状平，而最低温度预计会降低 4.2 ℃，这与情景设置基本一致；在 SSP5-8.5 情景下，最高温在 2100 年预计会升高 8.5 ℃左右，最低温度预计会升高 8 ℃左右，这与 RCP8.5 情景设置是一致的。

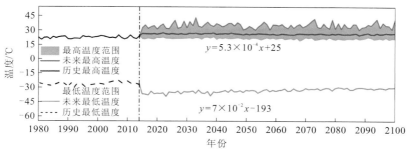

图 5.23　长江源 SSP1-2.6 气温

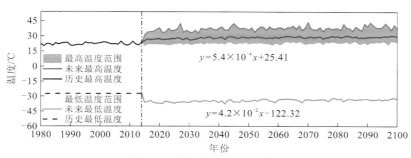

图 5.24　长江源 SSP2-4.5 气温

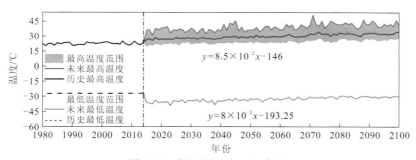

图 5.25　长江源 SSP5-8.5 气温

表 5.25　长江源不同情景下气温变化情况

情景	最高温度				最低温度			
	历史温度 /℃	模拟 /℃	变化 /℃	趋势 /（℃/a）	历史温度 /℃	模拟 /℃	变化 /℃	趋势 /（℃/a）
SSP1-2.6	25.4	26.5	1.1	5.3×10^{-4}	-26	-35.9	-9.9	7×10^{-2}
SSP2-4.5	25.4	28.9	3.5	5.4×10^{-4}	-26	-31.3	-5.3	4.2×10^{-2}
SSP5-8.5	25.4	30.3	4.9	8.5×10^{-2}	-26	-29.5	-3.5	8×10^{-2}

3. 澜沧江源

图 5.26～图 5.28 和表 5.26 分别为澜沧江源在气候变化 SSP1-2.6 情景下、SSP2-4.5 情景下、SSP5-8.5 情景下的气温变化情况，在不同情景下气温均呈现上升趋势，且在未

来时期，最高温度普遍高于历史高温 0～9.25 ℃，最低温度略高于历史低温。其中：在 SSP1-2.6 情景下，预计到 2100 年气温变化将不会超过 1 ℃；在 SSP2-4.5 情景下，预计 2100 年最高温度将升高 3.5 ℃，最低温度将升高 1 ℃，与 RCP4.5 情景设置基本一致；在 SSP5-8.5 情景下，预计到 2100 年，温度将整体抬升 6～8 ℃，这符合 RCP8.5 情景设置。

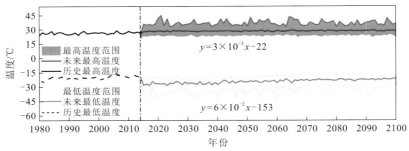

图 5.26　澜沧江源 SSP1-2.6 气温

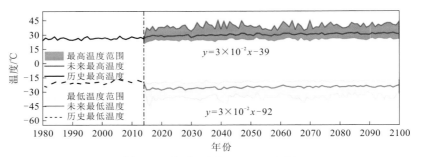

图 5.27　澜沧江源 SSP2-4.5 气温

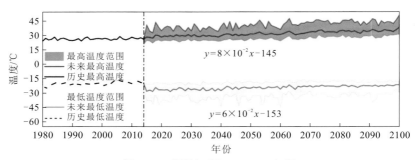

图 5.28　澜沧江源 SSP5-8.5 气温

表 5.26　澜沧江源不同情景下气温变化情况

情景	最高温度				最低温度			
	历史温度 /℃	模拟 /℃	变化 /℃	趋势 /（℃/a）	历史温度 /℃	模拟 /℃	变化 /℃	趋势 /（℃/a）
SSP1-2.6	29	29	0	3×10^{-3}	−25.8	−26	−0.2	6×10^{-2}
SSP2-4.5	29	32.5	3.5	3×10^{-2}	−25.8	−25	0.8	3×10^{-2}
SSP5-8.5	29	38.25	9.25	8×10^{-2}	−25.8	−24.4	1.4	6×10^{-2}

5.2.4　未来径流变化趋势

将经过自动统计降尺度模拟得到不同情景下未来的降水、最高气温和最低气温数据输入到已率定的 SWAT 模型中，结合第 4 章中适用于各源区的模型参数方案，手动调整参数后，分别模拟出不同情景下未来径流变化过程。

1. 黄河源

图 5.29 为黄河源不同情景下径流趋势未来变化情况，未来情景模拟径流略大于历史多年平均径流，且径流均呈现下降的趋势变化，其中：在 SSP1-2.6 情景下，径流下降趋势较为明显，下降速率为 0.53（m³/s）/a，导致径流下降的原因可能是降水的减少和温度的升高；在 SSP5-8.5 情景下，径流下降趋势次之；下降趋势最小的是 SSP2-4.5 情景，下降速率仅为 0.17（m³/s）/a（表 5.27），这可能是因为气温的变化趋势要弱于其他情景。

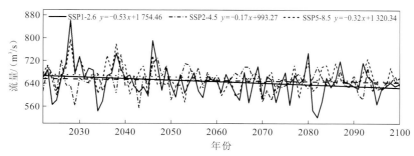

图 5.29　黄河源不同情景下径流趋势未来变化情况

表 5.27　黄河源不同情景下径流未来变化情况

情景	实测 /（m³/s）	径流均值 /（m³/s）	径流变化 /（m³/s）	径流趋势 /[（m³/s）/a]	降水趋势 /（mm/a）	最高气温趋势 /（℃/a）	最低气温趋势 /（℃/a）
SSP1-2.6	632	646.71	14.71	−0.53	−0.17	6×10^{-3}	4.5×10^{-4}
SSP2-4.5	632	650	18	−0.17	0.18	3×10^{-2}	1.7×10^{-2}
SSP5-8.5	632	660	28	−0.32	0.18	7×10^{-2}	4.2×10^{-2}

2. 长江源

图 5.30 为长江源不同情景下径流趋势未来变化情况，径流模拟的均值都小于实测多年平均径流，且径流模拟均呈现下降的趋势，其中：在 SSP5-8.5 情景下，径流下降趋势较为明显，以 0.46（m³/s）/a 的速率在减少，在同期降水下降趋势不明显的情况，很大程度是因为气温的显著性升高，增加流域的蒸散发量，从而导致径流减少；在 SSP1-2.6 情景下，径流下降趋势次之，下降速率为 0.42（m³/s）/a，主要影响因素可能是温度升高较为明显；在 SSP2-4.5 情景下，径流基本保持不变，主要原因可能来自温度的不显著升高（表 5.28）。

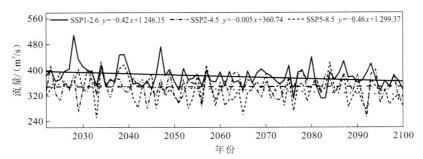

图 5.30　长江源不同情景下径流趋势未来变化情况

表 5.28　长江源不同情景下径流未来变化情况

情景	实测 /（m³/s）	径流均值 /（m³/s）	径流变化 /（m³/s）	径流趋势 /[（m³/s）/a]	降水趋势 /（mm/a）	最高气温趋势 /（℃/a）	最低气温趋势 /（℃/a）
SSP1-2.6	431	381.1	−49.9	−0.42	-3.8×10^{-3}	5.3×10^{-4}	7×10^{-2}
SSP2-4.5	431	348.5	−82.5	−0.005	-2.9×10^{-2}	5.4×10^{-4}	4.2×10^{-2}
SSP5-8.5	431	339.9	−91.1	−0.46	-1.5×10^{-2}	8.5×10^{-2}	8×10^{-2}

3. 澜沧江源

图 5.31 为澜沧江源不同情景下径流趋势未来变化情况，在不同情景下径流的模拟均要大于历史多年平均径流，并且从图中可以明显地看出在 SSP5-8.5 情景下径流有较为明显的下降趋势，下降速率为 0.79（m³/s）/a，导致径流减少的原因可能是温度升高和降水减少共同作用的结果。其他情景径流的趋势变化表现得并不明显（表 5.29）。

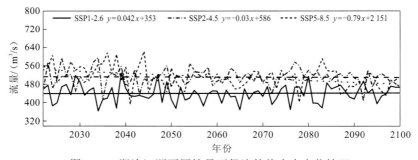

图 5.31　澜沧江源不同情景下径流趋势未来变化情况

表 5.29　澜沧江源不同情景下径流未来变化情况

情景	实测 /（m³/s）	径流均值 /（m³/s）	径流变化 /（m³/s）	径流趋势 /[（m³/s）/a]	降水趋势 /（mm/a）	最高气温趋势 /（℃/a）	最低气温趋势 /（℃/a）
SSP1-2.6	431	440	9	0.042	-3.8×10^{-3}	3×10^{-3}	6×10^{-2}
SSP2-4.5	431	511	80	−0.03	-2.9×10^{-2}	3×10^{-2}	3×10^{-2}
SSP5-8.5	431	511	80	−0.79	-1.5×10^{-2}	8×10^{-2}	6×10^{-2}

5.3　本 章 小 结

　　本章选取与降水、气温关系密切的 6 个大尺度因子作为自动统计降尺度模型的预报因子,用 ERA5 再分析数据替代 NECP 再分析数据,气候模式选用 INM-CM4-8,以 1980～2014 年为基准期、2015～2100 年为未来时期构建自动统计降尺度模型。模型输出三江源地区 16 个气象站点不同情景下未来降水、最高气温和最低气温的统计降尺度结果,并与在第 4 章中已经率定好的 SWAT 模型相耦合,得到三江源地区在不同情景下的未来径流变化过程。结果表明：选用 INM-CM4-8 气候模式进行降尺度模拟后与实测降水、最高/最低温度的相差不大,拟合效果较好。黄河源、长江源在气候情景下降水均呈现不同程度的下降趋势,澜沧江源降水在 SSP2-4.5 情景和 SSP5-8.5 情景下降水的趋势变化是一致的,而在 SSP1-2.6 情景下降水的趋势变化与之相反。不同情景和不同源区内气温都呈现上升的趋势,只是在量级上各有差异。黄河源、长江源径流均呈现不同程度上的下降趋势,而澜沧江源仅在 SSP5-8.5 情景下径流下降趋势较为显著。

第 *6* 章

三江源典型区域水资源的生态
环境效应评价

6.1 达日县水资源生态环境效应评价

6.1.1 达日县概况及数据处理

1. 地理位置

达日县位于我国青海省的果洛藏族自治州南部地区。地理坐标为东经 98°15′~100°33′、北纬 32°36′~34°15′。地貌主要为巴颜喀拉山区，全县地形由西北向东南倾斜，达日县海拔最低点为 3 788 m，海拔最高点为 5 209 m，平均海拔为 4 200 m，相对高差达 1 421 m。达日县具有生态脆弱性的特点，是防治我国土地荒漠化、水土流失的重要区域之一。

2. 河流水系

黄河是达日县境内最大的河流。黄河流经达日县的河段总长为 340 km，平均宽度为 50 m，最大宽度为 150 m，平均流速为 2 m/s，黄河的断面最大流速为 3.6 m/s，多年平均流量为 112 m³/s，年径流量为 35.6 亿 m³。黄河给达日县自然环境、人类生产生活及经济发展带来了较为丰富的水资源。

达日县以境内巴颜喀拉山脉作为划分长江、黄河两大水系的分水岭。达日县内有大小河流共计 74 条，其中，柯曲、达日勒曲、吉曲、尼曲这四条河流为境内较大支流，总长为 235.6 km，这四条河流是达日县境内的主要水资源来源，但存在时空分布不均匀、当前利用率较低等问题。

柯曲的源头为桑日麻乡，由北往南地流进黄河。河流全长为 96 km，河流最小宽度为 30 m，最大宽度为 60 m，水深 1 m。

达日勒曲的源头为桑日麻乡，是黄河的源头支流。达日勒曲的河流源头高 4 616 m，该条河流自北往南流进黄河，河流全长为 75 km，河流最小宽度为 40 m，最大宽度为 80 m，水深 1 m，流域面积 3 377 km²，多年平均流量 26.8 m³/s。

吉曲的源头为德昂乡，该条河流自南向北流入黄河，整条河流总长为 70 km，平均宽度为 15 m，水深 1 m。

尼曲的源头为桑日麻乡尼羊沟，由达日县的东南部流进，往全县的西南部流出，途经上、下红科乡后，汇入大渡河内，河流在达日县境内全长为 150 km，河流最小宽度为 40 m，最大宽度为 80 m，水深 1.5 m。

3. 气候水文特征

达日县属高寒半湿润气候，气候条件较为寒冷。达日县年均温度为-1.3 ℃，最高温度为 24.6 ℃，最低温度为-34.5 ℃，温差较大。达日县寒冷季节气候寒冷，经常有大风和雨雪天气，并且整个冷季持续时间为 8 个月左右，风雪灾害频繁；温暖季节气候潮湿，整个暖季持续时间为 4 个月左右。

达日县的降雨变化率较大，年蒸散发量大，全县多年平均降雨量为 540 mm，多年平均蒸散发量为 1 205.9 mm。其中 6～9 月为主要降雨季节，10 月到次年 5 月为主要降雪季节，最大降雪深度为 120 mm。

达日县所处的海拔较高，空气稀薄，平均气压为 627 hPa，达日县大气中的含氧量是海平面含氧量的 66%。达日县太阳辐射强，光照的时间较长，达日县全年有近 100 天的大风天气，冬季与春季经常出现 6 级以上的强风。其中：从 12 月到次年 4 月的月平均大风日多达 12 d，从 5 月到 11 月的月平均大风日多达 8 d，每年会出现 25 次以上的最大风速为 34 m/s 的大风天气。

4. InVEST 模型

InVEST 模型全称为生态系统服务和交易的综合评估模型，该模型基于 GIS、GPS 及 RS 技术的分布式算法，可以量化地表示研究区域的各种生态环境服务功能，并将其以栅格图的形式进行可视化。该模型主要包含多个子模块，主要分为淡水生态系统评估、海洋生态系统评估、陆地生态系统评估三大模块，InVEST 模型结构图具体项目如图 6.1 所示。

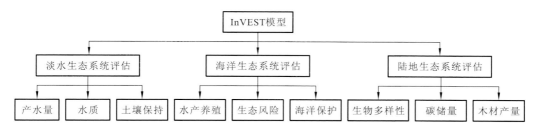

图 6.1　InVEST 模型结构图

1）产水量模块

InVEST 模型中的产水量（water yield）模块基于水量平衡的原理进行计算，该模块的主要计算公式为

$$Y_x = \left(1 - \frac{\text{ETo}_x}{P_x}\right) \times P_x \tag{6.1}$$

式中：Y_x 为所求栅格单元的产水量大小，mm；ETo_x 为所求栅格单元的实际蒸散发量大小，mm；P_x 为所求栅格单元的降雨量大小，mm。

$$\frac{\text{ETo}_x}{P_x} = 1 + \frac{\text{PET}_x}{P_x} - \left[1 + \left(\frac{\text{PET}_x}{P_x}\right)^w\right]^{\frac{1}{w}} \tag{6.2}$$

$$\text{PET}_x = \text{Kc}_x \times \text{ETo}_x \tag{6.3}$$

$$W_x = \frac{AWC_x \times Z}{P_x} + 1.25 \tag{6.4}$$

$$AWC_x = \min(MaxSoilDepth_x, RootDepth_x) \times PAWC_x \tag{6.5}$$

式中：PET_x 为潜在蒸散发量，mm；Kc_x 为蒸散系数；w 为植物有效水分系数 y；W_x 为自然条件下土壤性质的非物理参数；AWC_x 为植被可利用含水量，mm；Z 反映了区域降雨的空间分布及降雨深度；MaxSoilDepth 为最大土壤深度，cm；RootDepth 为根系深度，cm；PAWC 为土壤有效含水量，%。

2）土壤保持模块

InVEST 模型中土壤保持模块在使用通用土壤流失方程 USLE 的基础上，加以改进使其结果更加的精确，具体计算公式如下：

$$RKLS = R \times K \times LS \tag{6.6}$$

$$USLE = R \times K \times LS \times X \times C \tag{6.7}$$

$$SD = RKLS - USLE \tag{6.8}$$

式中：RKLS 为研究区域潜在的土壤侵蚀量，$t/(hm^2 \cdot a)$；USLE 为研究区域实际土壤侵蚀量，$t/(hm^2 \cdot a)$；SD 为研究区域的土壤保持量，$t/(hm^2 \cdot a)$；R 为降雨侵蚀力因子，$MJ \cdot mm/(hm^2 \cdot h \cdot a)$；LS 为坡度坡长因子；$K$ 为土壤可蚀性因子，$t \cdot hm^2 \cdot h/(MJ \cdot hm^2 \cdot mm)$；$C$ 为植被覆盖与管理因子；X 为水土保持措施因子。

5. 数据收集及预处理

1）数据收集

归一化植被指数（normalized difference vegetation index，NDVI）采用的遥感数据为 MOD13A3 植被指数数据集。年蒸散发量、潜在蒸散发量（potential evapotranspiration，PET）采用的遥感数据为 MOD16A3 数据集。植被净初级生产量（net primary production，NPP）计算采用 MOD17A3 植被净初级生产量数据集。MODIS 数据的时间分辨率均为年，空间分辨率均为 500 m。采用 NASA 官网[①]所提供的数据处理 MODIS 重投影工具（MODIS reprojection tool，MRT）对 MODIS 数据进行转换与拼接裁剪工作。

DEM(ASTER GDEM 30M) 数据来自地理空间数据云网站[②]，该数据的空间分辨率为 30 m。年降水量数据来源于中国科学院资源环境科学与数据中心[③]，坐标统一设定为 UTM WGS 1984。土地利用数据来自中国科学院资源环境科学与数据中心。土壤数据来源于寒区旱区科学数据中心[④]。

2）产水量模块数据处理

（1）年降水量计算。2015 年、2019 年达日县的年降水量分别处于 413.41～645.98 mm、554.88～729.41 mm 范围，标准差分别为 53.75 mm、26.35 mm，平均值分别为 551.16 mm、

---

① https://ladsweb.modaps.eosdis.nasa.gov(2020-12-14)[2020-12-14]。
② http://www.gscloud.cn/search(2020-12-14)[2020-12-14]。
③ https://www.resdc.cn(2020-12-28)[2020-12-28]。
④ https://westdc.westgis.ac.cn(2020-12-18)[2020-12-18]。

657.91 mm。2019 年降水量相较于 2015 年提高了 106.75 mm。空间上，达日县降水分布不均，整体呈现出由西北部到东南部按顺序递增。

（2）潜在蒸散发量计算。2015 年、2019 年达日县的潜在蒸散发量分别处于 959.1～1 466.2 mm、782～1 354.7 mm 范围，2019 年的潜在蒸散发量年均值为 1 139.69 mm，2015 年的潜在蒸散发量年均值为 1 308.81 mm，2019 年潜在蒸散发量年均值相较于 2015 年降低了 169.12 mm，2019 年的潜在蒸散发量标准差为 94.59 mm，2015 年的潜在蒸散发量标准差为 68.26 mm。

潜在蒸散发量表现出东部低海拔地区的年潜在蒸散发量高，中部高海拔地区的年潜在蒸散发量具有相对较低的空间分布规律，年潜在蒸散发量的高值区域主要分布于达日县东部的低海拔地区和土地利用类型为林地的地区，年潜在蒸散发量的低值区域主要分布于达日县的中部高海拔地区和土地利用类型多为未利用土地的地区，达日县潜在蒸散发量大小受地区的地理高程及植被覆盖的影响较大。

（3）土地覆盖类型。土地利用类型的变化是区域生态环境改变的重要驱动因素之一，其本身反映出了人类活动对生态环境景观格局的改变以及其改变过程中所引起的一系列生态环境效应。

表 6.1 是 2015 年、2019 年达日县土地利用类型情况。达日县的土地利用类型以草地为主，2015 年占达日县总面积的 88.4%，2019 年占达日县总面积的 92.6%，提高了 4.2%；2015 年、2019 年林地均占达日县总面积的 2.7%，大多分布在北部与南部地区；2015 年、2019 年未利用土地分别占达日县总面积的 8.1%、4.2%，大多分布在高海拔地区。2015～2019 年达日县的各土地利用类型发生了较为明显的变化，草地增加 619 km²，林地、水域、未利用土地分别减少了 5 km²、31 km²、585 km²，其中未利用土地的减少幅度最大，草地的增加幅度最大，对达日县生态环境具有较大的积极影响。从土地利用变化的空间分布情况上看，草地面积的增加主要集中在达日县的北部及东部地区。

表 6.1　2015 年、2019 年达日县土地利用类型

土地利用类型	2015 年		2019 年	
	面积/km²	比例/%	面积/km²	比例/%
林地	407	2.7	402	2.7
草地	13 025	88.4	13 644	92.6
水域	111	0.8	80	0.5
建设用地	4	0	6	0
未利用土地	1 192	8.1	607	4.2

（4）土壤有效含水量计算。土壤有效含水量是由土壤组成和植被根系深度共同决定的，决定了土壤可以为植被所储存的总水量，具体计算方法如下：

$$PAWC = 54.509 - 0.132sand - 0.003(sand)^2 - 0.055(silt)^2 - 0.738clay$$
$$+ 0.007(clay)^2 - 2.688OM + 0.501(OM)^2 \tag{6.9}$$

式中：sand 为土壤沙粒的含量，%；silt 为土壤粉粒的含量，%；clay 为土壤黏粒的含量，%；OM 为土壤有机质的含量，%。

（5）土壤深度计算。土壤深度是表示土壤质量好坏的重要因素之一，该区域的土壤深度越厚在一定程度上可以表明该地区的水源涵养能力越强，更有利于植被的生长。在达日县区域，以草甸土和酸性粗骨土为主的区域，土壤深度较厚；以毡土为主的全县大部分区域，土壤深度较薄。

3）土壤保持模块数据处理

（1）降雨侵蚀力因子计算。降雨是导致区域土地造成侵蚀的主要因素之一，雨水对区域土壤表面颗粒的冲击及雨水对地表的侵蚀都加重了区域土壤侵蚀的发生。本小节采用年降雨量估算降雨侵蚀力，计算公式如下：

$$R = \alpha_1 P^{\beta_1} \tag{6.10}$$

式中：P 为年降雨量；R 为年均降雨侵蚀力；α_1，β_1 表示模型系数分别为 0.053 4，1.654 8。

2015 年、2019 年达日县的降雨侵蚀力分别处于 1 140.58～2 387.23 MJ·mm/（hm²·h·a）、1 856.28～2 918.71 MJ·mm/（hm²·h·a）范围，标准差分别为 290.77 MJ·mm/（hm²·h·a）、161.25 MJ·mm/（hm²·h·a），平均值分别为 1 845.33 MJ·mm/（hm²·h·a）、2 462.79 MJ·mm/（hm²·h·a），2019 年的降雨侵蚀力相较于 2015 年提高了 617.46 MJ·mm/（hm²·h·a）。达日县降雨侵蚀力整体呈现出由西北到东南方逐渐增加的趋势。

（2）土壤可蚀性因子计算。土壤可蚀性是土壤对侵蚀程度的敏感性反应指标，表明了土壤颗粒被搬移的难易程度。计算土壤可蚀性因子的方法主要取决于达日县可以得到的土壤属性数据。本小节采用土壤颗粒组成与碳含量数据进行计算，计算公式如下：

$$K = 0.131\,7 \times \left\{0.2 + 0.3 \times \exp\left[0.025\,6 \times SAN\left(1 - \frac{SIL}{100}\right)\right]\right\} \times \left(\frac{SIL}{CLA + SIL}\right)^{0.3}$$
$$\times \left[1 - \frac{0.25 \times SOC}{SOC + \exp(3.72 - 2.95 \times SOC)}\right] \times \left[1 - \frac{0.7 \times SN}{SN + \exp(-5.51 + 22.9 \times SN)}\right] \tag{6.11}$$
$$SN = 1 - SAN \tag{6.12}$$

式中：K 为土壤可蚀性因子；SAN 为土壤砂粒含量，%；SN 为土壤非砂粒含量，%；SIL 为土壤粉粒含量，%；CLA 为土壤黏粒含量，%；SOC 为土壤有机碳含量，%。

达日县的土壤可蚀性因子的范围在 0～0.04 t·hm²·h/（hm²·MJ·mm），较高值主要出现在达日县的北部高海拔丘陵地区，该区域的地形较为破碎，地表起伏度较大，植被生长状况差，土壤结构也较为松散。

（3）地形因子。InVEST 模型综合考虑了坡长因子 L 与坡度因子 S，在模型计算中这两个地形因子表示达日县的地形因素对该区域土壤侵蚀造成的影响。LS 因子是模型中关键参数之一，InVEST 模型依据填洼处理过的高程数据自动生成坡度坡长因子进行计算。计算公式如下：

$$LS_i = S_i \frac{(A_{i-\text{in}} + D^2)^{m+1} - A_{i-\text{in}}^{m+1}}{D^{m+2} \times x_i^m \times (22.13)^m} \tag{6.13}$$

式中：LS 为坡度坡长因子；S_i 为一个栅格单元的坡度因子；$A_{i-\text{in}}$ 为栅格径流的入口产沙面积，m^2；D 为栅格的大小；m 为坡长指数因子。

坡度因子的计算公式如下：

$$S_i = 10.8 \times \sin\theta + 0.03 \quad (\theta < 5°) \tag{6.14}$$
$$S_i = 16.8 \times \sin\theta - 0.5 \quad (\theta \geqslant 5°) \tag{6.15}$$

（4）植被覆盖与管理因子和水土保持措施因子。植被覆盖与管理因子 C 表示在一定植被覆盖下土壤侵蚀量与同等条件下适时翻耕、连续休闲对照地上的土壤侵蚀量的比值，其值在 0～1 范围。本小节将耕地赋值为 0.23、建设用地赋值为 0、水域赋值为 0、未利用土地赋值为 1、草地赋值为 0.07、林地赋值为 0.2。

水土保持措施因子 X 表示达日县区域采取了特定的水土保持措施与不采取水土保持措施下两者土壤侵蚀量之间的比值，实施水土保持措施后未发生土壤侵蚀的赋值为 0，未采取任何水土保持措施的赋值为 1。经过实地调查和遥感影像数据得知研究区域的农作物多分布在东北一侧的低海拔平原地区，耕作方式大多为等高耕作且坡度大多为 5°以下，因为达日县的耕作农作物较为容易产生土壤侵蚀，所以将达日县的耕地赋值为 0.24；林地和草地赋值为 1，往往被认为该土地利用类型无须采取任何水土保持措施；水域与建设用地被视为无侵蚀发生，赋值为 0；未利用土地的沙地表层基本无植被覆盖，赋值为 1。

（5）基于 DEM 数据的子流域生成。InVEST 模型的土壤侵蚀模块需要计算出适当的小流域来保证计算路径的完整性和准确性。

6.1.2　达日县水资源变化与生态环境响应

1. 对产水量的影响

基于年降水量、土地利用类型、土壤深度、潜在蒸散发量、土壤有效含水量数据，利用 InVEST 模型产水量模块，计算得到 2015 年与 2019 年达日县的产水量数据。依据达日县统计年鉴和相关研究，验证产水量结果。根据实测数据，2015 年达日县产水量约为 285.4 mm，研究估算 2015 年达日县模拟的地表产水量约为 298.61 mm，相对误差在 3.7%左右，表明产水量模拟结果较为可信。

1）达日县年产水量时间变化分析

2015 年、2019 年达日县的年产水量分别处于 76.13～632.09 mm、0～677.12 mm 范围，2019 年的年产水量均值为 328.04 mm，2015 年的年产水量均值为 298.61 mm，2019 年的产水量标准差为 41.71 mm，2015 年的产水量标准差为 92.67 mm。

产水量的高值区域主要分布于达日县的中部及南部的未利用土地，低值区域主要分布于达日县的北部林地及土壤深度较厚的地区，研究区的产水量大小主要是受区域的年降水量和植被覆盖的影响。结合达日县的年降水量与年蒸散发量可知：2015 年、2019 年达日县的产水量的空间分布特征与该年的年降水量分布图及年蒸散发量分布图密切相关，产水量的高值区域一般处于达日县年降雨量较多且植被覆盖度较低的地区，因为植被覆盖度低导致植被所产生的蒸散发量低，并且较低的植被覆盖度致使植被根系较少吸取包气带水分，所以导致该地区的产水量相对较高。产水量的低值区域一般处于达日县年降雨量较少且植被覆盖度较高的地区，这些地区的高植被覆盖导致了蒸散发量相对较高以及植物的根系从土壤中吸水，致使包气带蓄水减少，因此该地区的产水量较低。

2）达日县年产水量空间变化分析

对 2015 年和 2019 年达日县的年产水量进行空间特征分析，得到了 2015～2019 年达日县的产水量空间变化情况，对计算结果按照显著下降（变化量≤-60 mm）、下降（-60 mm<变化量≤-30 mm）、持平（-30 mm<变化量≤30 mm）、增长（30 mm<变化量≤60 mm）、显著增长（变化量>60 mm）进行分类。由分类结果可知：2015～2019 年达日县的年产水量变化显著增长、增长、持平、下降区域依次从达日县的西北部到东南部按顺序分布，显著下降区域对比土地利用类型可知，大多分布在未利用土地区域。2015～2019 年的年产水量变化区域所占达日县总体面积比值从大到小依次是：显著增长>增长>持平>显著下降>下降。显著增长面积为 5 643 km²，占达日县面积的 38.99%；增长面积为 3 754 km²，占达日县面积的 25.94%；持平面积为 3 558 km²，占达日县面积的 24.59%；显著下降面积为 1 304 km²，占达日县面积的 9.01%；下降面积为 213 km²，占达日县面积的 1.47%[①]。

2. 对干燥程度的影响

干燥指数是区域干湿程度的重要评价指标，其中区域的降雨量表示水分的输入项，蒸散发量表示水分的输出项，其两者的比例表示干燥指数，两者的倒数表示湿润指数。基于潜在蒸散发量计算干燥指数，其计算公式如下：

$$AI = \frac{PET}{P} \tag{6.16}$$

式中：AI 为干燥指数；PET 为潜在蒸散发量；P 为区域降雨量。

1）达日县年干燥指数时间变化分析

采用潜在蒸散发量结合降雨数据，计算 2015 年和 2019 年达日县的干燥指数。2015 年和 2019 年达日县的干燥指数分别处于 0.89～1.51 和 0～1.17 范围，2015 年、2019 年的干燥指数标准差分别为 0.1、0.05，平均值分别为 1.1、0.9。达日县干燥指数分布不均，呈现由西北到东南逐渐递减的趋势。

2）达日县年干燥指数空间变化分析

对 2015 年和 2019 年达日县的干燥指数进行空间特征分析，得到了 2015～2019 年达日县的干燥指数空间变化情况，对计算结果按照显著减少（变化量≤-0.3）、减少（-0.3<

---

① 2015～2019 年的年产水量变化区域所占达日县面积在计算时进行了四舍五入取整，余同。

变化量≤-0.2）、轻微减少（-0.2<变化量≤-0.1）、持平（-0.1<变化量≤0）、增长（0<变化量≤0.1）进行分类。由分类结果可知：2015～2019 年达日县的年干燥指数变化显著减少、减少、轻微减少、持平区域依次从达日县的西北部到东南部按顺序分布，总体呈现出年干燥指数全县减少趋势。2015～2019 年的年干燥指数变化区域所占达日县总体面积比值从大到小依次是：轻微减少>减少>显著减少>持平>增长。轻微减少面积为 7 066 km²，占达日县面积的 48.60%；减少面积为 3 584 km²，占达日县面积的 24.65%；显著减少面积为 2 470 km²，占达日县面积的 16.99%；持平面积为 1 419 km²，占达日县面积的 9.76%，增长面积几乎可以忽略不计。

3）对达日县年蒸散发量的影响

（1）达日县年蒸散发量的时间变化分析。2015 年、2019 年达日县的年蒸散发量分别处于 496.39～715.94 mm、0～744.9 mm 范围，2019 年的年蒸散发量平均值为 594.21 mm，低于 2015 年的年蒸散发量平均值 605.08 mm，2019 年相较于 2015 年年蒸散发量年平均值减少了 10.87 mm，2015 年、2019 年的年蒸散发量标准差分别为 25.38 mm、37.37 mm。

2015～2019 年达日县年蒸散发量空间分布的整体格局基本保持一致，均表现出由达日县区域的西北部向东南部方向递增的趋势，2015 年和 2019 年的年蒸散发量的空间分布变化差异不大。达日县大部分区域的年蒸散发量较低，主要分布在东部高海拔地区；年蒸散发量的高值区大多分布在东部海拔较低的区域以及林地等植被覆盖度较高的地区。

（2）达日县年蒸散发量的空间变化分析。对 2015 年和 2019 年达日县的年蒸散发量进行空间特征分析，得到了 2015～2019 年达日县的年蒸散发量空间变化情况，对计算结果按照显著下降（变化量≤-60 mm）、下降（-60 mm<变化量≤-10 mm）、持平（-10 mm<变化量≤10 mm）、增长（10 mm<变化量≤30 mm）、显著增长（变化量>30 mm）进行分类。由分类结果可知，2015～2019 年达日县的年蒸散发量变化显著下降、下降区域大多分布在全县的西南部及东南部地区，增长及显著增长区域大多分布在中部及北部地区，持平区域大多分布在下降与增长区域的间隔处。2015～2019 年的年蒸散发量变化区域所占达日县总体面积比值从大到小依次是：下降>持平>增长>显著增长>显著下降。下降区域面积为 5 979 km²，占达日县面积的 41.43%；持平区域面积为 3 814 km²，占达日县面积的 26.43%；增长区域面积为 2 852 km²，占达日县面积的 19.76%；显著增长区域面积为 1 040 km²，占达日县面积的 7.21%；显著下降区域面积为 746 km²，占达日县面积的 5.17%。

3. 陆地植被

1）对植物生长状态的影响

（1）达日县归一化植被指数的时间变化分析。将达日县的归一化植被指数进行分级，分为 0～0.2、0.2～0.4、0.4～0.6、0.6～0.8、0.8～1.0 五个等级。2015 年、2019 年达日县的归一化植被指数均处于 0.14~0.89 范围，2019 年相较于 2015 年归一化植被指数平均值提高了 0.04，2015 年、2019 年的归一化植被指数值标准差分别为 0.12、0.11。2015 年、2019 年全县归一化植被指数的分布主要以 0.6~0.8 为主，分别占达日县总面积的 60.9%、67.6%。2015 年、2019 年达日县高海拔地区的植被覆盖情况较为一般，归一化植被指数主要分布在 0.4~0.6 范围，分别占达日县总面积的 26.9%、15.3%；2015 年、2019 年在达日县北部及南部的林地地区，植被覆盖度高，归一化植被指数主要分布在 0.8~1.0 范围，分别占达日县总面积的 9.6%、15.6%；2015 年、2019 年的达日县归一化植被指数在 0~0.2 范围的面积可以忽略不计；2015 年、2019 年达日县归一化植被指数分布在 0.2~0.4 范围的面积分别为 2.4%、1.4%。总体空间分布上，呈现低海拔到高海拔地区归一化植被指数值递减的趋势。

（2）达日县归一化植被指数的空间变化分析。如表 6.2 所示，2015~2019 年达日县归一化植被指数各个等级有着明显地向其他等级转化的趋势。2015~2019 年，达日县有 83.3% 的 0~0.2 等级向 0.2~0.4 等级转化；有 51.5% 的 0.2~0.4 等级向 0.4~0.6 等级转化；有 51.6% 的 0.4~0.6 等级向 0.6~0.8 等级转化；有 14.6% 的 0.6~0.8 等级向 0.8~1.0 等级转化；有 31.8% 的 0.8~1.0 等级向 0.6~0.8 等级转化，可以看出该区域的陆地植被状况正在明显好转。

表 6.2　达日县归一化植被指数转移矩阵　　　　　　　　　（单位：km²）

	0~0.2	0.2~0.4	0.4~0.6	0.6~0.8	0.8~1.0	2019 年总计
0~0.2	1	1	0	0	0	2
0.2~0.4	5	171	22	1	0	199
0.4~0.6	0	187	1 868	197	13	2 265
0.6~0.8	0	1	2 058	7 496	453	10 008
0.8~1.0	0	3	43	1 318	957	2 321
2015 年总计	6	363	3 991	9 012	1 423	14 795

2）对植被净初级生产量的影响

（1）达日县植被净初级生产量的时间变化分析。2015 年、2019 年达日县的植被净初级生产量分别处于 23.39~309.3 gC/（m²·a）、27.39~350.1 gC/（m²·a）范围，2019 年的植被净初级生产量平均值为 212.97 gC/（m²·a），高于 2015 年的植被净初级生产量平均值 175.48 gC/（m²·a），平均值提高了 37.49 gC/（m²·a），2015 年、2019 年达日县的植被净初级生产量标准差分别为 39.37 gC/（m²·a）、43.68 gC/（m²·a）。

从空间分布上来看，2015 年、2019 年的达日县高海拔地区的植被净初级生产量情况较差，在全县北部和南部的林地地区的植被净初级生产量较高。达日县植被净初级生产量呈现低海拔到高海拔地区植被净初级生产量递减的趋势。

（2）达日县植被净初级生产量的空间变化分析。对 2015 年和 2019 年达日县的净初级生产量进行空间特征分析,得到了达日县 2015~2019 年的植被净初级生产量空间变化情况,对计算结果按照减少[变化量≤-20 gC/(m^2·a)]、持平[-20 gC/(m^2·a)<变化量≤20 gC/(m^2·a)]、轻微增长[20 gC/(m^2·a)<变化量≤40 gC/(m^2·a)]、增长[40 gC/(m^2·a)<变化量≤60 gC/(m^2·a)]、显著增长[变化量>60 gC/(m^2·a)]进行分类。由分类结果可知,2015~2019 年达日县的植被净初级生产量变化呈现总体增长趋势。2015~2019 年的植被净初级生产量变化区域面积从大到小依次是:轻微增长>增长>持平>显著增长>减少。轻微增长区域面积为 5 795 km^2,占达日县面积的 40.23%;增长区域面积为 5 364 km^2,占达日县面积的 37.24%;持平区域面积为 2 047 km^2,占达日县面积的 14.21%;显著增长区域面积为 1 198 km^2,占达日县面积的 8.32%;显著下降区域面积相较于全县面积几乎可以忽略不计。

4. 固土保肥

1)对土壤侵蚀强度的影响

基于降雨侵蚀力因子、土壤可蚀性因子、坡度坡长因子、水土保持措施因子、植被覆盖与管理因子,利用 InVEST 模型土壤保持模块,计算得到 2015 年、2019 年达日县土壤侵蚀强度分布。

依据达日县统计年鉴及相关研究,验证土壤侵蚀结果。根据实测资料得出 2015 年单位面积土壤侵蚀量均值约为 25.45 t/hm^2,研究估算达日县 2015 年单位面积土壤侵蚀量均值约为 22.48 t/hm^2,相对误差在 11.7%左右,表明土壤侵蚀模拟结果可信度较好。

根据土壤侵蚀强度分级表,对模型计算所得的 2015 年和 2019 年达日县的土壤侵蚀强度进行重分类,将土壤侵蚀强度划分为微度侵蚀[<5 t/(hm^2·a)]、轻度侵蚀[5~25 t/(hm^2·a)]、中度侵蚀[25~50 t/(hm^2·a)]、强度侵蚀[50~80 t/(hm^2·a)]、剧烈侵蚀[>80 t/(hm^2·a)]五个级别。

(1)达日县年土壤侵蚀强度时间变化分析。2015~2019 年达日县土壤侵蚀强度明显提升,2015 年实际土壤侵蚀总量为 371×10^6 t,2019 年实际土壤侵蚀总量为 478.8×10^6 t,2019 年相较于 2015 年增加了 107.8×10^6 t。

如表 6.3 所示,2015 年达日县的土壤侵蚀强度面积占全县总体面积的比值,从大到小依次是:轻度侵蚀>中度侵蚀>微度侵蚀>剧烈侵蚀>强度侵蚀,其中以轻度侵蚀为主,占总体面积的 52.28%,其次是中度侵蚀,占总体面积的 27.70%,两者所占面积较大,共达近 80%,强度侵蚀、剧烈侵蚀二者差异不大,分别占总面积的 2.41%、6.70%。可以看出 2015 年达日县的土壤侵蚀状况并不严重,轻度及中度的土壤侵蚀是该研究区域的土壤侵蚀的主要类型。

2019 年达日县的土壤侵蚀强度面积占全县总面积的比值,从大到小依次是:轻度侵蚀>中度侵蚀>强度侵蚀>微度侵蚀>剧烈侵蚀,其中轻度侵蚀、中度侵蚀占主导地位,面积分别为 5 984 km^2、5 280 km^2,占总面积的 41.03%、36.20%,两者所占面积较大,共

表 6.3   2015 年、2019 年达日县土壤侵蚀强度统计

年份	项目	侵蚀级别				
		微度	轻度	中度	强度	剧烈
2015 年	侵蚀面积/km²	1 583	7 586	4 019	350	972
	比例/%	10.91	52.28	27.70	2.41	6.70
2019 年	侵蚀面积/km²	1 056	5 984	5 280	1 246	1 020
	比例/%	7.24	41.03	36.20	8.54	6.99

达 77.23%，强度侵蚀、剧烈侵蚀二者差异不大，分别占总面积的 8.54%、6.99%。对比 2015 年研究区域的土壤侵蚀强度可以发现，2019 年的微度侵蚀与轻度侵蚀呈现减少趋势，分别减少 3.67%、11.25%，中度侵蚀、强度侵蚀均有提升，分别增加 8.50%、6.13%，剧烈程度的土壤侵蚀略有提升。

达日县的坡度变化较大，地形也较为复杂，从 2015 年和 2019 年达日县土壤侵蚀强度空间分布中可以看出，达日县的土壤侵蚀强度空间分布特征较为显著，微度侵蚀与轻度侵蚀广泛分布在达日县西部及北部地区，该区域主要为平原区，自然环境条件相对较好，侵蚀强度较低，剧烈侵蚀及强度侵蚀主要集中在达日县东北部地区，该区域地形破碎，坡度起伏较大且植被稀疏，土壤侵蚀严重。结合 2015 年和 2019 年达日县的降雨侵蚀力空间分布情况可知，2015 年、2019 年达日县的土壤侵蚀强度空间分布特征与该年的年降雨侵蚀力分布情况密切相关，均呈现出由西北方向东南方按顺序递增的趋势。

（2）达日县年土壤侵蚀强度空间变化分析。表 6.4 是达日县土壤侵蚀强度转移矩阵，表示 2015~2019 年达日县不同土壤侵蚀等级的转化面积。由表可知，达日县 2015 年向 2019 年土壤侵蚀强度的微度侵蚀、轻度侵蚀、中度侵蚀、强度侵蚀有着明显地向其他土壤侵蚀等级的转化趋势。2015~2019 年，达日县有 44.3% 的微度侵蚀向轻度侵蚀转化，1.8% 的微度侵蚀向中度侵蚀转化；达日县有 2.2% 的轻度侵蚀向微度侵蚀转化，2.4% 的轻度侵蚀向强度侵蚀转化，32.7% 的轻度侵蚀向中度侵蚀转化；达日县有 12.5% 的中度侵蚀向轻度侵蚀转化，20.9% 的中度侵蚀向强度侵蚀转化；达日县有 4.9% 的强度侵蚀向轻度侵蚀转化，28.4% 的强度侵蚀向中度侵蚀转化，6% 的强度侵蚀向剧烈侵蚀转化；达日县剧烈侵蚀面积基本无变化。

表 6.4   达日县土壤侵蚀强度转移矩阵   （单位：km²）

	微度	轻度	中度	强度	剧烈	2019 年总计
微度	843	169	9	0	0	1 021
轻度	694	4 736	500	17	3	5 950
中度	28	2 478	2 643	99	2	5 250
强度	0	184	839	212	2	1 237
剧烈	2	6	20	21	962	1 011
2015 年总计	1 567	7 573	4 011	349	969	14 469

2）对土壤保持强度的影响

（1）达日县年土壤保持强度时间变化分析。将达日县的土壤保持强度进行分级，分为 $0\sim25$ t/（$hm^2\cdot a$）、$25\sim50$ t/（$hm^2\cdot a$）、$50\sim80$ t/（$hm^2\cdot a$）、$80\sim150$ t/（$hm^2\cdot a$）、>150 t/（$hm^2\cdot a$）五个等级。2015 年、2019 年达日县的土壤保持总量分别为 9.07×10^9 t、11.88×10^9 t，达日县土壤保持量呈现由西向东增加的趋势，但与此同时，东北部也是土壤侵蚀最为严重的区域，这说明了土壤保持与土壤侵蚀强度并不是呈现相互对立的关系。对比降雨侵蚀力因子可知，2019 年的降雨侵蚀明显大于 2015 年，使得达日县土壤潜在侵蚀量与实际侵蚀量增加，而土壤保持量增加则表征了水资源高效利用工程的实施在一定程度上减轻了达日县的水土流失现象。

如表 6.5 所示，2015 年、2019 年达日县的土壤保持强度主要集中分布在土壤保持等级 $80\sim150$ t/（$hm^2\cdot a$），在该等级的面积分别达到了 4 294 km^2、5 132 km^2，占达日县总面积的 29.59%、35.32%。除此之外，2015 年达日县分布在土壤保持等级 $0\sim25$ t/（$hm^2\cdot a$）、$25\sim50$ t/（$hm^2\cdot a$）、$50\sim80$ t/（$hm^2\cdot a$）、>150 t/（$hm^2\cdot a$）的面积分别为 3 065 km^2、2 975 km^2、3 496 km^2、682 km^2，占总面积的 21.12%、20.50%、24.09%、4.70%。2019 年达日县分布在土壤保持等级 $0\sim25$ t/($hm^2\cdot a$)、$25\sim50$ t/($hm^2\cdot a$)、$50\sim80$ t/($hm^2\cdot a$)、>150 t/（$hm^2\cdot a$）的面积分别为 2 226 km^2、2 137 km^2、2 999 km^2、2 036 km^2，占总面积的 15.32%、14.71%、20.64%、14.01%。

表 6.5　2015 年、2019 年达日县土壤保持强度统计

年份	项目	土壤保持强度级别/[t/（$hm^2\cdot a$）]				
		$0\sim25$	$25\sim50$	$50\sim80$	$80\sim150$	>150
2015	土壤保持强度面积/km^2	3 065	2 975	3 496	4 294	682
	比例/%	21.12	20.50	24.09	29.59	4.70
2019	土壤保持强度面积/km^2	2 226	2 137	2 999	5 132	2 036
	比例/%	15.32	14.71	20.64	35.32	14.01

土壤保持等级 $0\sim25$ t/（$hm^2\cdot a$）、$25\sim50$ t/（$hm^2\cdot a$）、$50\sim80$ t/（$hm^2\cdot a$）的面积比例由 2015 年至 2019 年分别减少了 5.80%、5.79%、3.45%；土壤保持等级 $80\sim150$ t/（$hm^2\cdot a$）、>150 t/（$hm^2\cdot a$）的面积比例由 2015 年至 2019 年分别增加了 5.73%、9.31%。

（2）达日县年土壤保持强度空间变化分析。表 6.6 为达日县土壤保持强度转移矩阵。达日县 2015 年向 2019 年土壤保持强度的 $0\sim25$ t/（$hm^2\cdot a$）、$25\sim50$ t/（$hm^2\cdot a$）、$50\sim80$ t/（$hm^2\cdot a$）、>150 t/（$hm^2\cdot a$）各个等级均有着明显地向其他土壤保持等级的转化趋势。

2015$\sim$2019 年，达日县有 8.2%由 $0\sim25$ t/（$hm^2\cdot a$）等级向 $25\sim50$ t/（$hm^2\cdot a$）等级转化，2.2%由 $0\sim25$ t/（$hm^2\cdot a$）等级向 $50\sim80$ t/（$hm^2\cdot a$）等级转化；达日县有 34.9%由 $25\sim50$ t/（$hm^2\cdot a$）等级向 $0\sim25$ t/（$hm^2\cdot a$）等级转化，15.7%由 $25\sim50$ t/（$hm^2\cdot a$）等级

表 6.6　达日县土壤保持强度转移矩阵　　　　　（单位：km²）

	0~25 t/(hm²·a)	25~50 t/(hm²·a)	50~80 t/(hm²·a)	80~150 t/(hm²·a)	>150 t/(hm²·a)	2019年总计
0~25 t/(hm²·a)	1 970	745	241	85	6	3 047
25~50 t/(hm²·a)	183	954	1 226	556	49	2 968
50~80 t/(hm²·a)	48	335	1 073	1 812	222	3 490
80~150 t/(hm²·a)	19	94	417	2 496	1 259	4 285
>150 t/(hm²·a)	1	8	22	172	476	679
2015年总计	2 221	2 136	2 979	5 121	2 012	14 469

向 50~80 t/（hm²·a）等级转化，4.4%由 25~50 t/（hm²·a）等级向 80~150 t/（hm²·a）等级转化；达日县有 8.1%由 50~80 t/（hm²·a）等级向 0~25 t/（hm²·a）等级转化，41.2%由 50~80 t/（hm²·a）等级向 25~50 t/（hm²·a）等级转化，14.0%由 50~80 t/（hm²·a）等级向 80~150 t/（hm²·a）等级转化；达日县有 10.9%由 80~150 t/（hm²·a）等级向 25~50 t/（hm²·a）等级转化，35.4%由 80~150 t/（hm²·a）等级向 50~80 t/（hm²·a）等级转化；达日县有 62.6%由>150 t/（hm²·a）等级向 80~150 t/（hm²·a）等级转化。

6.1.3　水资源的生态环境效应综合评价

1. 生态环境效应评价指标体系构建

1）指标选取原则

由于生态环境效应评价具有时效性、区域性等特点，某些指标的变化可能会使得整个生态评价系统发生改变，如何选取可以反映出水资源高效利用工程的达日县生态环境效应综合性指标，需要遵循以下 4 项基本原则。

（1）客观性原则。客观性原则是所有科学研究都需要遵循的先决条件，它是构建评价体系的基础。构建区域水资源高效利用生态环境效应评价体系的科学性体现在所选择指标数据应涵盖水资源和生态环境效应两个方面的内容。

（2）综合性原则。评价标准和指标体系不仅要反映生态工程的特点，而且还要反映水资源高效利用后植被恢复生态系统与环境的整体性和协调性。因此，首先要从系统的角度出发，建立一套能够全面反映区域生态环境效应评价的指标体系，其次通过评价模型的计算来求出可以综合反映达日县生态环境状况的评价等级。

（3）可操作性原则。可操作性原则是在受达日县生态环境本身复杂性的影响的情况下，一部分的评价指标数据收集存在一定的困难，因此在构建出代表当地生态环境状况的评价指标体系时，需要关注所选取的评价指标是否具有代表性、数据收集的可获得性以及数据获取的难易程度。

（4）科学性原则。科学性原则体现在生态环境效应的评价指标体系需要建立在科学的基础上。评价指标数据的收集需要具有广泛性，并且所筛选的评价指标需要反映出水资源高效利用对生态环境效应的本质特征。每个评价指标应该具有明确的含义，并且评价方法需要容易被掌握。

2）生态环境效应评价指标体系

针对达日县存在生态脆弱性、水资源匮乏及水土流失等生态环境需求，考虑到水资源高效利用工程实施可能带来的生态环境变化。本小节从水源涵养、陆地植被、固土保肥共 3 个方面对达日县生态环境变化进行综合评价，共选取 7 个评价指标，如图 6.2 所示。

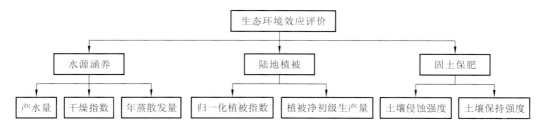

图 6.2　达日县生态环境效应评价指标体系

2. 基于层次分析-熵权法的指标权重研究

1）层次分析法

层次分析法具有系统性与实用性的特点，现被广泛应用于多目标综合决策分析中。层次分析法（analytic hierarchy process，AHP）可以将复杂的多目标决策问题中的各种因素分解为若干个相互联系的有序层次，并将其条理化，使专家的定性评估与数据的定量分析结合起来。

（1）判断矩阵。在同一层次之间，对每个指标进行逐一比较，按照表 6.7 所示，得出指标判断矩阵。

表 6.7　判断矩阵标度及其描述

标度	含义
1	指标 i 较 j 同等重要
3	指标 i 较 j 稍微重要
5	指标 i 较 j 较强重要
7	指标 i 较 j 强烈重要

续表

标度	含义
9	指标 i 较 j 绝对重要
2，4，6，8	两相邻判断中间值
倒数	当比较指标 j 与 i 时，得到的判断值为 $C_{ji}=1/C_{ij}$，$C_{ii}=1$

（2）权重计算。在建立判断矩阵后，计算出矩阵的最大特征根 λ 以及所对应的特征向量 w，从而对各个评价指标的权重进行计算，最后采用 CR 进行一致性检验。具体计算步骤如下。

对矩阵 A 每一列向量 $\overline{w}_{ij}$ 进行归一化计算，即

$$\overline{w}_{ij} = \frac{a_{ij}}{\sum_{i=1}^{n} a_{ij}} \quad (j=1,2,3,\cdots,n) \tag{6.17}$$

式中：a_{ij} 表示判断矩阵 $A=(a_{ij})_{n\times m}$，第 i 个指标对第 j 个指标的重要程度。

对归一化后的列向量 $\overline{w}_{ij}$ 进行按行求和，并对计算结果再次进行归一化处理，最后得出 w，即

$$\overline{w}_{ij} = \sum_{j=1}^{n} \overline{w}_{ij} \quad (i=1,2,\cdots,n) \tag{6.18}$$

$$w_i = \frac{\overline{w}_i}{\sum_{i=1}^{n} \overline{w}_i} \tag{6.19}$$

式中：$\overline{w}_i$ 为第 i 层的 j 个指标要素对目标层的权重大小；w_i 为第 i 个指标在被评价区域的指标比重。

$$w = (w_1, w_2, \cdots, w_n)^{\mathrm{T}} \tag{6.20}$$

式中：w 为所求的各个评价指标的权重值。

计算判断矩阵 A 的最大特征根 λ，即

$$\lambda = \frac{1}{n} \sum_{i=1}^{n} \left[\frac{(Aw)_i}{w_i} \right] \tag{6.21}$$

式中：λ 为矩阵 A 向量的最大特征根。

对判断矩阵进行一致性检验，即

$$\mathrm{CI} = \frac{\lambda - n}{n-1} \tag{6.22}$$

$$\mathrm{CR} = \frac{\mathrm{CI}}{\mathrm{RI}} \tag{6.23}$$

式中：CI 为一致性指标；CR 为随机一致性比率，当 CR<0.1 时，表示所构建的判断矩阵一致性较好；RI 为平均随机一致性指标，由表 6.8 得出。

表 6.8　平均随机一致性指标 RI

指标	矩阵阶数								
	1	2	3	4	5	6	7	8	9
RI	0	0	0.58	0.90	1.12	1.24	1.32	1.41	1.45

2）熵权法

熵权法是采用客观数值来计算权重的一种方法，其基本原理是依据各项评价指标的变异程度来确定其初步权重值，再经过一定的修正得到相对客观的实际评价指标权重值，其本身具有很强的数学理论依据，可以较为客观、准确地计算指标权重，具有实用性、客观性以及准确度高的特点。

（1）评价指标标准化。在选定的评价指标中，既有产生正面影响的指标，即正向指标，又有产生负面影响的指标，即负向指标，因此需要标准化处理初始数据使其具备可比性。

对于正向指标，标准化处理公式为

$$X_{ij} = \frac{X_{ij} - \min(X_{ij})}{\max(X_{ij}) - \min(X_{ij})} \tag{6.24}$$

对于负向指标，归一化处理公式为

$$X_{ij} = \frac{\max(X_{ij}) - X_{ij}}{\max(X_{ij}) - \min(X_{ij})} \tag{6.25}$$

（2）计算熵值。熵值由下式计算得

$$H_i = -k \sum_{j=1}^{n} f_{ij} \ln f_{ij} \tag{6.26}$$

$$f_{ij} = \frac{g_{ij}}{\sum_{j=1}^{n} g_{ij}} \tag{6.27}$$

$$k = \frac{1}{\ln n} \tag{6.28}$$

式中：H_i 为评价指标 i 的熵值，在此假定当 $f_{ij} = 0$ 时，$f_{ij} \ln f_{ij} = 0$；g_{ij} 为评价指标的归一化矩阵；k 为玻尔兹曼常量；n 为评价指标的个数。熵值越小，说明该指标对于决策者来说越能提供有用的信息。

（3）计算熵权。在得到熵值 H_i 之后，通过下式确定评价指标的熵权为

$$c_i = \frac{1 - H_i}{m - \sum_{i=1}^{m} H_i} \quad (0 \le c_i \le 1, \sum_{i=1}^{m} c_i = 1) \tag{6.29}$$

式中：c_i 为评价指标的熵权。

3）层次分析-熵权法

层次分析法所计算的生态环境效应评价指标侧重于研究人员对指标因子的主观判

断，熵权法所计算的生态环境效应评价指标侧重于该指标因子实际数据的客观计算。为了使评价指标的权重值更加具有准确性及科学性，将层次分析法所求得的主观权重与熵权法所求得的客观权重进行耦合，求得各项评价指标的综合权重。综合权重W_i计算公式为

$$W_i = \frac{c_i w_i}{\sum_{i=1}^{m} c_i w_i} \quad (i = 1, 2, 3, \cdots, m) \quad (6.30)$$

式中：W_i为综合评价指标的权重值；w_i为采用层次分析法所求的权重值。

表 6.9 为生态环境效应评价各项指标的权重。根据层次分析-熵权法计算生态环境效应评价各个关键指标的综合权重：水源涵养方面，产水量的权重为 0.294 8，干燥指数的权重为 0.078，年蒸散发量的权重为 0.185 7；陆地植被方面，归一化植被指数的权重为 0.079 9，植被净初级生产量的权重为 0.239 7；固土保肥方面，土壤侵蚀强度的权重为 0.030 5，土壤保持强度的权重为 0.091 5。

表 6.9 生态环境效应评价各项指标的权重

序号	评价类别	评价指标	单位	权重
1		产水量	mm	0.294 8
2	水源涵养	干燥指数	—	0.078
3		年蒸散发量	mm	0.185 7
4	陆地植被	归一化植被指数	—	0.079 9
5		植被净初级生产量	gC/（m^{-2}·a）	0.239 7
6	固土保肥	土壤侵蚀强度	t/（hm^2·a）	0.030 5
7		土壤保持强度	t/（hm^2·a）	0.091 5

3. 基于云模型理论的综合评价模型

1）云模型的概念

云模型是李德毅院士在模糊数学及统计学的基础上提出的。云模型可以将生态环境效应评价指标的随机性与不确定性通过数学的表达方式统一起来，采用自然语言对各项生态环境效应关键指标定性与定量概念间的不确定性进行描述。该模型将正态隶属函数与正态分布结合在一起，具有一定的普适性，本小节基于云模型对达日县的生态环境效应进行评价。

假设 U 是评价指标实际数值的定量表示，而 C 则表示该评价指标的定性概念，如果实际指标数值 $x \in U$，并且 x 是该指标定性概念 C 的随机表示形式，x 是 C 的隶属度 $\mu(x) \in [0,1]$ 的随机数。

若 $\mu:U \to [0,1]$，$\forall x \in U$，$x \to \mu(x)$，则每一个 x 在 U 上形成一个云滴，该云滴在图像上的表现方式为一个点。大量具有相同特征的云滴组合成了云模型，利用云发生器生

成云滴的过程就是定性概念和定量描述之间映射方式的数学表达，其结果是以云的整个
形状体现。

云模型中存在三个特征值来表示其统计量，分别为期望值 Ex、熵值 En 和超熵值 He，
这三个特征值可以用来表示定性概念与定量描述之间的转化。期望值 Ex 表示其评价指标
实际数值中的平均值，反映出云图形的对称中心位置；熵值 En 可以表示评价指标定性概
念中的模糊性，En 值越大表示云模型计算所产生的离散程度越大；超熵值 He 可以用来
表示随机程度，He 值越大表示云模型计算结果的随机性越强。

2）云发生器

云发生器是将云模型计算出的三个云数字特征转化为云滴的工具，其本身可以将定
性的概念转化为定量的数值，是处理具有不确定性数据的深度学习工具。本小节所采用
的正向云发生器的原理：首先根据各项关键指标的评价等级标准计算三个云数字特征值；
其次输入三个云数字特征值 (Ex, En, He)，得到 N 个云滴；最后输出 N 个云滴所组成的云
图。正向云发生器概念图，如图 6.3 所示。

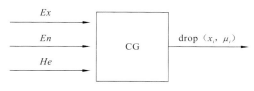

图 6.3　正向云发生器概念图

正向云发生器的算法如下。

输入：三个云数字特征值 (Ex, En, He)，生成 N 个云滴。

输出：N 个云滴 x 及其定量值 μ。

具体步骤如下。

步骤一：产生一个期望值为 En，He^2 为方差的正态随机数 En_i'，则

$$En_i' = \text{NORM}(En, He^2)$$

步骤二：产生一个期望值为 Ex，$En_i'^2$ 为方差的正态随机数 x_i，则

$$x_i = \text{NORM}(En, En_i'^2)$$

步骤三：计算 $\mu = e^{\frac{-(x_i - Ex)^2}{2En_i'^2}}$，设 $\text{drop}(x_i, \mu_i)$ 为一个云滴。

步骤四：重复步骤一至步骤三，直至产生 N 个云滴。

3）综合评价模型

利用正向云发生器将达日县生态环境效应评价的关键指标进行云模型计算，依据生
态环境效应评价等级标准计算三个云数字特征值 (Ex, En, He)，用这三个云数字特征值来
表示达日县生态环境效应评价中隶属于各个评价等级的云。具体步骤如下。

步骤一：构建区域生态环境效应评价的指标集 $(A_1, A_2, A_3, \cdots, A_n)$，并制定评价等级标
准 $V = (V_1, V_2, \cdots, V_m)$。

步骤二：采用层次分析-熵权法计算生态环境效应评价指标权重，得到各评价指标

权重值 $W=(W_1, W_2, W_3, \cdots, W_n)$。

步骤三：依据评价指标的等级标准计算各个评价指标等级所对应的云特征值(Ex, En, He)。

每个生态环境效应评价等级标准三个云数字特征值(Ex, En, He)由相应等级标准的上下边界值确定。假设评价指标为x_{ij}，其中i为评价指标，j为评价指标x对应的评价等级，x_{ij}的上下边界值为x_{ij}^1和x_{ij}^2。

期望值计算公式为

$$Ex_{ij} = \frac{x_{ij}^1 + x_{ij}^2}{2} \tag{6.31}$$

式中：x_{ij}表示各个评价指标对应等级的边界，通过边界值对上下两个评价等级的隶属度是相等的，从而得到熵值为

$$En_{ij} = \frac{x_{ij}^1 - x_{ij}^2}{6} \tag{6.32}$$

$$He = 0.01 \tag{6.33}$$

式中：He为常量，大小一般根据熵值和经验获得，主要反映了云层的厚度，取值范围为$[0,20]$，根据En_{ij}的大小，通过经验及试验确定其值，但取值不应过大，He越大，离散程度就越大，使得最终结果难以确定，这里取0.01。

步骤四：建立隶属度矩阵U。根据三个数字云特征值和评价指标的实际数值，采用云模型计算原理确定出评价指标i在等级j上的隶属度u_{ij}，构成隶属度矩阵$U=(u_{ij})_{n \times m}$，有

$$u = \exp\left[-\frac{(x-Ex)^2}{2En'^2}\right] \tag{6.34}$$

$$U = \begin{pmatrix} u_{11} & \cdots & u_{1j} \\ \vdots & & \vdots \\ u_{i1} & \cdots & u_{ij} \end{pmatrix} \tag{6.35}$$

步骤五：将计算所得的权重向量W与评价指标的隶属度矩阵U进行计算，得到模糊子集B，选择各个评价指标的等级标准中隶属度最大的作为区域水资源高效利用下生态环境效应评价结果，有

$$B = W \times U \tag{6.36}$$

4）生态环境效应综合评价

（1）评价指标等级标准确定。根据黄河源区的生态环境状况，参考目前有关生态环境效应评价研究中被广泛应用的评价标准，将生态环境效应评价的评价标准等级分为4个级别，其中：I级表示区域生态环境处于恶化状态；II级表示区域生态环境处于一般状态；III级表示区域生态环境处于较为良好状态；IV级表示区域生态环境处于理想状态（表6.10）。生态环境效应评价标准见表6.11。

表 6.10　生态环境效应评价分级体系

评价标准	含义
I 级	表示区域生态环境处于恶化状态
II 级	表示区域生态环境处于一般状态
III 级	表示区域生态环境处于较为良好状态
IV 级	表示区域生态环境处于理想状态

表 6.11　生态环境效应评价标准

目标层	准则层	指标层	评价标准			
			I 级	II 级	III 级	IV 级
生态环境效应	水源涵养	产水量/mm	<100	100~200	200~300	300~400
		干燥指数	>3	1.2~3	1~1.2	<1
		年蒸散发量/mm	>1 600	1 300~1 600	1 000~1 300	<1 000
	陆地植被	归一化植被指数	<0.45	0.45~0.65	0.65~0.8	>0.8
		植被净初级生产量/[gC/（m²·a)]	<100	100~250	250~350	350~450
	固土保肥	土壤侵蚀强度/[t/（hm²·a)]	>50	25~50	5~25	<5
		土壤保持强度/[t/（hm²·a)]	<250	250~500	500~800	800~1 000

（2）评价指标云模型隶属度。评价指标云模型隶属度可分为云模型的数字特征值计算和云模型隶属度计算。

云模型的数字特征值计算。采用云模型数字特征值计算公式计算模型参数期望值 Ex 的特征值，用式（6.32）计算模型参数熵值 En 的特征值，其中计算模型参数超熵值 He，需要通过云模型中云发生器产生的云滴离散程度，运用实验法进行调整，最后确定其为常数 0.01。达日县生态环境效应评价关键指标对应的云模型数字特征值参数 (Ex, En, He)，计算结果见表 6.12。

表 6.12　生态环境效应评价云模型特征值

评价指标	评价标准			
	I 级（恶化）	II 级（一般）	III 级（良好）	IV 级（理想）
产水量/mm	（50,16.66,0.01)	（150,16.66,0.01)	（250,16.66,0.01)	（350,16.66,0.01)
干燥指数	（3.5,0.16,0.01)	（2.1,0.3,0.01)	（1.1,0.03,0.01)	（0.5,0.16,0.01)
年蒸散发量/mm	（1 800,66.66,0.01)	（1 450,50,0.01)	（1 150,50,0.01)	（500,166.66,0.01)
归一化植被指数	（0.23,0.07,0.01)	（0.55,0.03,0.01)	（0.73,0.03,0.01)	（0.9,0.03,0.01)
植被净初级生产量/[gC/（m²·a)]	（50,16.66,0.01)	（175,25,0.01)	（300,16.66,0.01)	（425,25,0.01)

续表

评价指标	评价标准			
	I级（恶化）	II级（一般）	III级（良好）	IV级（理想）
土壤侵蚀强度/[t/（hm²·a）]	（62.5,4.16,0.01）	（37.5,4.16,0.01）	（15,3.33,0.01）	（2.5,0.83,0.01）
土壤保持强度/[t/（hm²·a）]	（125,41.66,0.01）	（375,41.66,0.01）	（650,50,0.01）	（900,33.33,0.01）

云模型隶属度计算。根据计算所得的生态环境效应评价云模型特征值，依据云发生器的 5 个计算步骤计算各个评价指标隶属于评价标准不同级别的云模型隶属度，取其结果的平均值作为隶属度值以避免云发生器生成云滴时所产生的随机性以及不确定性的影响，最后绘制得到水源涵养、陆地植被、固土保肥 3 个评价类别各个评价指标所对应的正态隶属云图，水源涵养中的 3 个评价指标的云模型图如图 6.4～图 6.6 所示；陆地植被中的 2 个评价指标的云模型图如图 6.7～图 6.8 所示；固土保肥中的 2 个评价指标的云模型图如图 6.9～图 6.10 所示。其中以产水量评价指标为例，横坐标表示产水量的实际数值，纵坐标表示与各个生态环境效应评价等级标准不同等级相对应的隶属度，从左到右代表产水量评价指标生成的 I 级至 IV 级的云滴。

（3）生态环境效应综合评价结果。本小节将水资源高效利用的生态环境效应关键指标值与各项关键指标的评价等级云模型数字特征值作为输入参数，运用云模型中的云发生器，计算出达日县各项指标所对应的各个评价等级隶属度，并分别构造 2015 年、2019 年达日县生态环境效应评价云模型隶属度矩阵（表 6.13、表 6.14）。

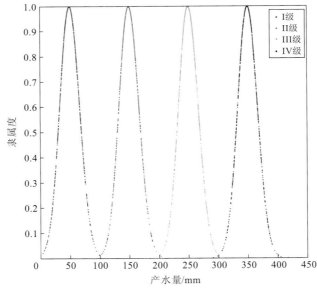

图 6.4 产水量云模型图

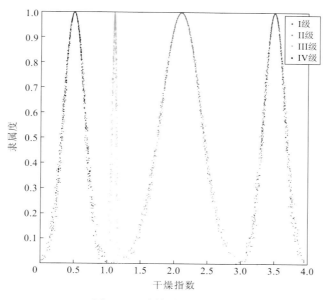

图 6.5 干燥指数云模型图

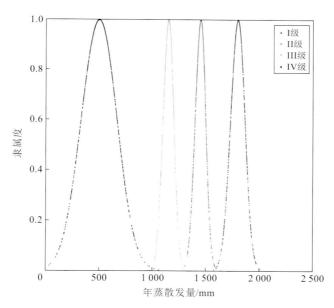

图 6.6 年蒸散发量云模型图

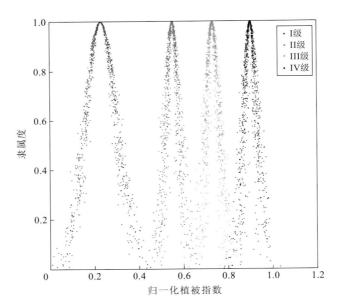

图 6.7　归一化植被指数云模型图

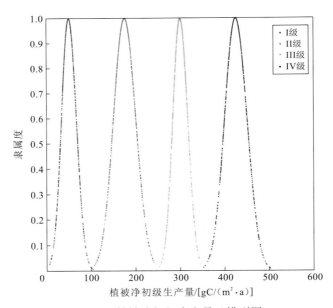

图 6.8　植被净初级生产量云模型图

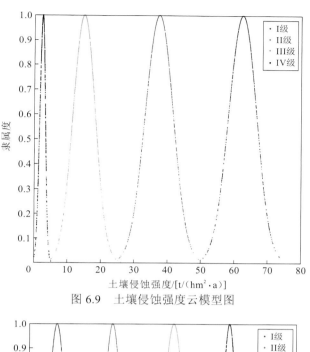

图 6.9 土壤侵蚀强度云模型图

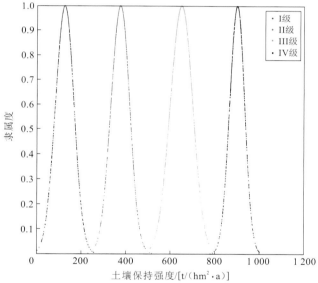

图 6.10 土壤保持强度云模型图

表 6.13 2015 年达日县生态环境效应评价云模型隶属度

准则层	评价指标	评价标准			
		I 级（恶化）	II 级（一般）	III 级（良好）	IV 级（理想）
水源涵养	产水量/mm	0	0	0.009	0
	干燥指数	0	0.01	0	0
	年蒸散发量/mm	0	0	0	0.82

续表

准则层	评价指标	评价标准			
		Ⅰ级（恶化）	Ⅱ级（一般）	Ⅲ级（良好）	Ⅳ级（理想）
陆地植被	归一化植被指数	0	0.07	0.15	0
	植被净初级生产量/[gC/（m²·a）]	0	0.9	0	0
固土保肥	土壤侵蚀强度/[t/（hm²·a）]	0	0.03	0.006	0
	土壤保持强度/[t/（hm²·a）]	0	0	0.9	0

注：隶属度为 0 时，表示运用云发生器生成的该项指标出现对应评价等级的可能性为 0，余同

表 6.14   2019 年达日县生态环境效应评价云模型隶属度

准则层	评价指标	评价标准			
		Ⅰ级（恶化）	Ⅱ级（一般）	Ⅲ级（良好）	Ⅳ级（理想）
水源涵养	产水量/mm	0	0	0.42	0
	干燥指数	0	0	0	0.03
	年蒸散发量/mm	0	0	0	0.67
陆地植被	归一化植被指数	0	0	0.49	0
	植被净初级生产量/[gC/（m²·a）]	0	0.34	0	0
固土保肥	土壤侵蚀强度/[t/（hm²·a）]	0	0.73	0	0
	土壤保持强度/[t/（hm²·a）]	0	0	0	0.31

随后运用层次分析-熵权法计算的综合权重 W 与达日县生态环境效应评价各项指标的隶属度矩阵 U 进行模糊运算，最后得到达日县生态环境效应评价综合隶属度矩阵 B。

根据建立的达日县生态环境效应评价体系、评价标准，利用云模型建立达日县在水资源利用下的生态环境效应评价，计算了 2015 年、2019 年达日县生态环境效应综合评价的隶属度，见表 6.15～表 6.18。从表中可以看出，根据隶属于各个评价标准等级的隶属度向量求出最大的隶属度，那么此隶属度所对应的评价标准等级就是达日县生态环境效应的综合状态。根据云模型理论建立的综合评价模型对达日县进行水资源高效利用的生态环境效应得出 2015 年隶属于各个评价标准等级的隶属度向量为 $R = (0.000, 0.217, 0.097, 0.152)$，隶属于各个评价标准等级的最大隶属度为 0.217，故对生态环境总体影响为 Ⅱ 级，表示研究区域生态环境处于一般状态；从准则层角度来看，水源涵养隶属于各等级的隶属度向量分别为 $R = (0.000, 0.001, 0.003, 0.152)$，隶属于各个评价标准等级的最大隶属度为 0.152，故对生态环境总体影响为 Ⅳ 级，表示水源涵养方面处于理想状态；陆地植被方面隶属于各个评价标准等级的隶属度向量分别为 $R = (0.000, 0.222, 0.012, 0.000)$，隶属于各个评价标准等级的最大隶属度为 0.222，故对生态环境总体影响为 Ⅱ 级，表示陆地植被方面生态环境处于一般状态；固土保肥方面隶属于各个评价标准等级的隶属度向量分别

为 **R** = (0.000,0.001,0.082,0.000)，隶属于各个评价标准等级的最大隶属度为 0.082，故对生态环境总体影响为 III 级，表示固土保肥方面生态环境处于良好状态。

表 6.15　2015 年达日县各项评价指标综合隶属度

准则层	评价指标	评价标准			
		I 级（恶化）	II 级（一般）	III 级（良好）	IV 级（理想）
水源涵养	产水量/mm	0.000	0.000	0.003	0.000
	干燥指数	0.000	0.001	0.000	0.000
	年蒸散发量/mm	0.000	0.000	0.000	0.152
陆地植被	归一化植被指数	0.000	0.006	0.012	0.000
	植被净初级生产量/[gC/(m²·a)]	0.000	0.216	0.000	0.000
固土保肥	土壤侵蚀强度/[t/（hm²·a）]	0.000	0.001	0.000	0.000
	土壤保持强度/[t/（hm²·a）]	0.000	0.000	0.082	0.000

表 6.16　2015 年达日县生态环境效应评价综合隶属度

评价准则	评价标准				等级
	I 级（恶化）	II 级（一般）	III 级（良好）	IV 级（理想）	
生态环境效应	0.000	0.217	0.097	0.152	II 级
水源涵养	0.000	0.001	0.003	0.152	IV 级
陆地植被	0.000	0.222	0.012	0.000	II 级
固土保肥	0.000	0.001	0.082	0.000	III 级

表 6.17　2019 年达日县各项评价指标综合隶属度

评价准则	评价指标	评价标准			
		I 级（恶化）	II 级（一般）	III 级（良好）	IV 级（理想）
水源涵养	产水量/mm	0.000	0.000	0.124	0.000
	干燥指数	0.000	0.000	0.000	0.002
	年蒸散发量/mm	0.000	0.000	0.000	0.124
陆地植被	归一化植被指数	0.000	0.000	0.039	0.000
	植被净初级生产量/[gC/（m²·a)]	0.000	0.081	0.000	0.000
固土保肥	土壤侵蚀强度/[t/（hm²·a）]	0.000	0.022	0.000	0.000
	土壤保持强度/[t/（hm²·a）]	0.000	0.000	0.000	0.028

表 6.18　2019 年达日县生态环境效应评价综合隶属度

评价准则	评价标准				等级
	I 级（恶化）	II 级（一般）	III 级（良好）	IV 级（理想）	
生态环境效应	0.000	0.103	0.163	0.155	III 级
水源涵养	0.000	0.000	0.124	0.126	IV 级
陆地植被	0.000	0.081	0.039	0.000	II 级
固土保肥	0.000	0.022	0.000	0.028	IV 级

根据云模型理论建立的综合评价模型对达日县进行水资源高效利用的生态环境效应得出 2019 年隶属于各个评价标准等级的隶属度向量为 $\boldsymbol{R} = (0.000, 0.103, 0.163, 0.155)$，隶属于各个评价标准等级的最大隶属度为 0.163，故对生态环境总体影响为 III 级，表示研究区域生态环境处于良好状态；从准则层角度来看，水源涵养隶属于各个评价标准等级的隶属度向量分别为 $\boldsymbol{R} = (0.000, 0.000, 0.124, 0.126)$，隶属于各个评价标准等级的最大隶属度为 0.126，故对生态环境总体影响为 IV 级，表示水源涵养方面处于理想状态；陆地植被方面隶属于各个评价标准等级的隶属度向量分别为 $\boldsymbol{R} = (0.000, 0.081, 0.039, 0.000)$，隶属于各个评价标准等级的最大隶属度为 0.081，故对生态环境总体影响为 II 级，表示陆地植被方面生态环境处于一般状态；固土保肥方面隶属于各个评价标准等级的隶属度向量分别为 $\boldsymbol{R} = (0.000, 0.022, 0.000, 0.028)$，隶属于各个评价标准等级的最大隶属度为 0.028，故对生态环境总体影响为 IV 级，表示固土保肥方面生态环境处于理想状态。

6.2　长江源区植被净初级生产量时空变化及其对水热条件的响应

6.2.1　长江源概况及数据资料

1. 地理位置

长江源区以高山地貌为主，平均海拔 4 000 m，属于典型的高原大陆性气候，冷热两季交替，干湿两季分明，年均气温-5.3～3.0 ℃，年均降水量 284～511 mm，植物生长期短。土壤以高山草甸土为主，沼泽化草甸土也较普遍，冻土层极为发育。长江源区具有独特而典型的高寒生态系统，是世界上海拔最高、面积最大、湿地类型最丰富的地区，也是世界上高海拔地区生物多样性特点最显著的地区。

2. 数据资料

1）植被净初级生产量数据
本小节所选用的植被净初级生产量数据源于美国NASA[①]提供的MOD17A3产品。该

① https://search.earthdata.nasa.gov/（2020-12-23）[2020-12-23]。

产品空间分辨率为1 km，系列长度为2000~2014年。在ArcGIS10.2平台上，经裁剪得到本小节所需要的植被净初级生产量系列。

2）气象数据

本小节所选用的气象数据为国家气象科学数据共享服务平台①所提供的中国地面降水日值 0.5°×0.5° 格点数据集（V2.0）和中国地面气温日值 0.5°×0.5° 格点数据集（V2.0），为便于后续分析计算，通过投影变换和空间插值将其转换成分辨率为 1 km 的栅格图层。

6.2.2　植被净初级生产量时空变化规律

1）植被净初级生产量空间分布

长江源区植被净初级生产量由上游到下游、由西向东逐渐增加，平均值为 85.2 gC/(m²·a)，范围是 1.5~531.7 gC/(m²·a)。植被净初级生产量与高程的空间变化特征相反，即植被净初级生产量随高程的增加而减小。图 6.11 统计了不同高程带植被净初级生产量的空间均值，总体上来看，植被净初级生产量的分布与高程具有较为明显的指数关系，当高程小于 5 000 m 时，植被净初级生产量对高程的变化较为敏感，高程每增加 100 m，植被净初级生产量约减少 10.5 gC/(m²·a)，当高程大于 5 000 m 时，植被净初级生产量随高程的变化相对较小，高程每增强 100 m，植被净初级生产量约减少 5.4 gC/(m²·a)。

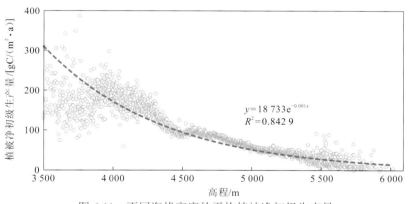

图 6.11　不同海拔高度的平均植被净初级生产量

将整个长江源区分为 Togton River Basin（Ⅰ），Dam River Basin（Ⅱ），Qumar River Basin（Ⅲ），Middlestream（Ⅳ）和 Downstream（Ⅴ）共 5 个子区域，进而将各子区域内像元（cell）的多年平均植被净初级生产量值绘制成如图 6.12 所示的箱线图。从图中可以看出：Togton River Basin（正源）植被净初级生产量较小，中位数为 37.01 gC/(m²·a)；Qumar River Basin（南源）其次，植被净初级生产量位数为 48.70 gC/(m²·a)；Downstream 的植被净初级生产量最大，中位数为 140.14 gC/(m²·a)。

---

① http://data.cma.cn（2020-12-23）[2020-12-23]。

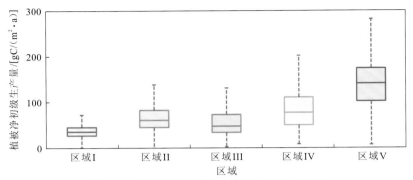

图 6.12　不同分区植被净初级生产量的箱线图

2）植被净初级生产量的时空变化

如图 6.13 所示，长江源区植被净初级生产量总量（the total amount of NPP）年际变化明显，变幅为 8.28～14.06 TgC。2000～2014 年，长江源区多年平均值为 10.9 TgC。2000～2004 年，长江源区植被净初级生产量总量相对稳定，其值为 10.11±0.32 TgC。但 2005～2008 年，植被净初级生产量呈现出较为明显的减少趋势，于 2008 年降至最低值 8.28 TgC，较 2000～2014 年的多年平均值偏低 24.0%。2008～2010 年，长江源区植被净初级生产量有所增加，于 2010 年升至最大值 14.06 TgC，较 2000～2014 年的多年平均值偏高 29.0%。2010～2014 年，长江源区植被净初级生产量虽然有所降低，但仍高于多年平均值的 3.7%。整个研究时段内长江源区植被净初级生产量呈现出增加的趋势，变化倾向率（slope）为 1.42 TgC/a，但并未通过显著性检验(|U|=1.533<1.96)[①]。

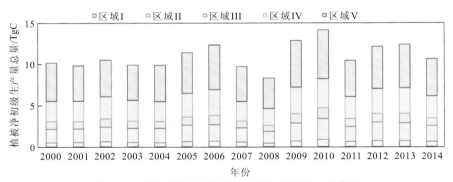

图 6.13　长江源区年植被净初级生产量总量的变化

6.2.3　植被净初级生产量对水热变化的相关性与响应

1）有效降水量和积温的时空变化特征

2000～2014 年，长江源区多年平均有效降水量为 331.0 mm，占对应时段总降水量的 76.7%。2000～2004 年，长江源区有效降水量年际波动较小，其值约为 308.1±5.8 mm。

---

① 由显著性检验方法 U 检验计算得到，0.05 和 0.1 显著性水平对应|U|的值分别为 1.96 和 1.645。

2005～2014 年，有效降水量年际波动较大，其值约为 343.9±50.2 mm，相对于前一时段增加了近 11.6%。在整个研究时段内，长江源区有效降水呈现出增加的趋势，变化倾向率为 3.4 mm/a，其变化趋势达到了 $\alpha = 0.05$ 的显著水平（|U|=2.130>1.96）[图 6.14（a）]。

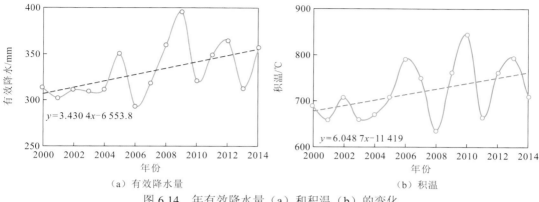

（a）有效降水量 　　　（b）积温

图 6.14　年有效降水量（a）和积温（b）的变化

2004～2014 年，长江源多年平均积温为 720.7 ℃，与有效降水变化类似，2000～2004 年积温年际波动较小，2005～2014 年积温年际波动较大，两时段内积温分别为 684.5±23.8 ℃ 和 739.5±103.3 ℃，后一时段相对于前一时段增加了近 8.0%。整个研究时段内，长江源区积温呈现出增加的趋势，变化倾向率为 6.0 ℃/a，其变化趋势达到了 $\alpha = 0.1$ 的显著水平（|U|=1.829>1.645）[图 6.14（b）]。

2）植被净初级生产量与有效降水/积温的相关性

基于图 6.15、图 6.16 中的统计数据，可得到植被净初级生产量与有效降水和积温之间的相关性，其结果表明，当年的植被净初级生产量与上一年的有效降水和当年的积温具有较为明显的相关关系，相关系数分别为 0.752 7 和 0.797 7（图 6.15）。进一步通过回归分析可得到当年的植被净初级生产量（z）与上一年的有效降水（x）和当年的积温（y）之间的函数关系（图 6.16），从近似的线性关系来看，在积温不变的情况下，上一年度有

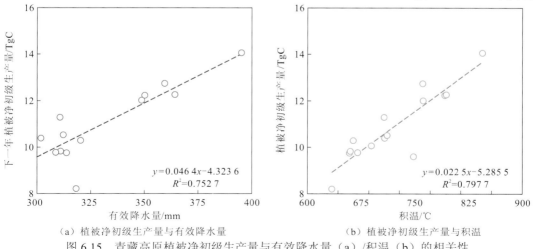

（a）植被净初级生产量与有效降水量 　　　（b）植被净初级生产量与积温

图 6.15　青藏高原植被净初级生产量与有效降水量（a）/积温（b）的相关性

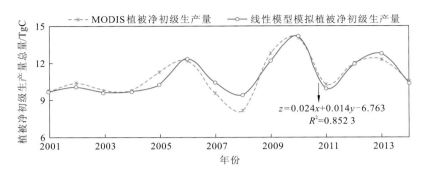

图 6.16　MODIS 植被净初级生产量与线性模型模拟植被净初级生产量的比较

效降水每增加 10 mm，当年植被净初级生产量增加 0.237 TgC；在上一年度有效降水不变的情况下，当年积温每增加 10 ℃，当年植被净初级生产量增加 0.137 TgC。

　　对长江源各像元植被净初级生产量与水热条件的相关性进行分析，其结果表明沱沱河流域当年植被净初级生产量与上一年有效降水的相关性相对较低，大部分地区在 0.6 以下，其他地区当年植被净初级生产量与上一年有效降水的皮尔逊相关系数普遍在 0.6 以上，其中，通天河右岸地区的相关性最高，大部分地区皮尔逊相关系数普遍在 0.8 以上。对各像元的相关系数进行统计可发现，当年植被净初级生产量与上一年有效降水的皮尔逊相关系数超过 0.6 和 0.8 的区域占整个长江源面积的 67.2% 和 21.9%。相对于有效降水，长江源区积温与植被净初级生产量相关性较高，整个研究区积温与植被净初级生产量的相关性普遍在 0.6 以上，经统计可知，植被净初级生产量与积温的皮尔逊相关系数超过 0.6 和 0.8 的区域占整个长江源区面积的 40.7% 和 94.8%（图 6.17）。

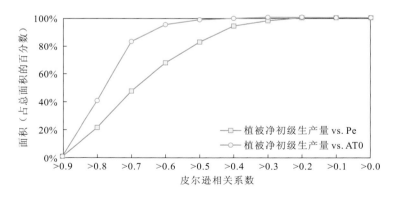

图 6.17　长江源区皮尔逊相关系数统计

6.3　本　章　小　结

　　本章依据水资源高效利用工程实施下研究区的生态环境特征，辨识生态环境主要影响因素，运用 InVEST 模型及遥感数据对水资源高效利用工程实施下生态环境效应进行影响研究，从而建立水资源高效利用下的生态环境效应评价指标体系；采用层次分析-熵权法确定指标权重，并构建以云模型为基础的生态环境效应综合评价模型，对水资源高效利用后达日县生态环境变化状态进行综合评价。从水源涵养方面来看，2019 年产水量均值相较于 2015 年提高了 29.43 mm；2019 年干燥指数均值相较于 2015 年降低了 0.2；整体呈现由西北到东南逐渐递减的趋势。从陆地植被方面来看，2019 年归一化植被指数均值相较于 2015 年提高了 0.04，2015 年、2019 年的全县归一化植被指数的数值主要在 0.6～0.8，该区间分布分别占达日县总面积的 60.9%、67.6%，整体呈现低海拔地区到高海拔地区归一化植被指数值递减的趋势。从固土保肥方面来看，2015 年实际土壤侵蚀总量为 3.71 亿 t，2019 年实际土壤侵蚀总量为 4.788 亿 t，2019 年相较于 2015 年增加了 1.078 亿 t。对比 2015 年研究区域的土壤侵蚀强度可以发现，2019 年的微度侵蚀与轻度侵蚀较 2015 年呈现减少趋势，面积比分别减少 3.67%、11.25%，中度侵蚀、强度侵蚀均有提升，面积比分别增加 8.50%、6.13%，剧烈程度的土壤侵蚀面积比基本保持不变。2019 年达日县生态环境总体影响为 III 级，生态环境处于良好状态；2015 年达日县生态环境总体影响为 II 级，生态环境处于一般状态。达日县在水资源高效利用工程实施下的生态环境处于好转状态；长江源区多年平均植被净初级生产量为 85.2 gC/（m²·a），并随海拔的上升而呈现出减小的趋势，在海拔超过 5 000 m 的地区，随海拔的上升，植被净初级生产量变化缓慢，高程每上升 100 m，植被净初级生产量约减少 5.4 gC/（m²·a），但在海拔低于 5 000 m 的地区，随海拔的上升，植被净初级生产量明显减少，高程每上升 100 m，植被净初级生产量减少 10.5 gC/（m²·a）。2000～2014 年，长江源区植被净初级生产量总量呈现出增加的趋势，变化倾向率为 1.42 TgC/a，其中，显著增加的地区主要集中在正源流域、南源当曲流域和北源楚玛尔河上游。2000～2014 年长江源区有效降水和积温呈现出增加的趋势，变化倾向率分别为 3.4 mm/a 和 6.0 ℃/a；从空间上看，长江源区各地区有效降水量和积温均普遍呈现出增加的趋势，其中有效降水增加速率从西南向东北方向逐渐递增，积温增加速率从西北向东南方向逐渐递增。

▶▶▶ 参考文献

[1] 张宇, 李铁键, 李家叶, 等. 西风带和南亚季风对三江源雨季水汽输送及降水的影响[J]. 水科学进展, 2019, 30(3): 348-358.

[2] 青海省第七次全国人口普查公报[1](第二号)[EB/OL]. (2021-07-01)[2021-07-01]. http://tjj. qinghai. gov. cn/tjData/surveyBulletin/202107/t20210701_73826. html.

[3] 赵娜. 来自高原的恩赐 三江之源[J]. 青海科技, 2015(2): 39-42.

[4] 陈进. 长江源区水循环机理探讨[J]. 长江科学院院报, 2013, 30(4): 1-5.

[5] 杨鹏鹏, 黄晓荣, 柴雪蕊, 等. 南水北调西线引水区近 50 年径流变化趋势对气候变化的响应[J]. 长江流域资源与环境, 2015, 24(2): 271-277.

[6] 张金萍, 许敏, 张鑫, 等. 基于 CEEMDAN-ARMA 模型的年径流量预测研究[J]. 人民黄河, 2021, 43(1): 35-39.

[7] 张建云, 刘九夫, 金君良, 等. 青藏高原水资源演变与趋势分析[J]. 中国科学院院刊, 2019, 34(11): 1264-1273.

[8] 马世鹏, 孙海群. 三江源自然保护区湿地种子植物区系分析[J]. 青海大学学报(自然科学版), 2015, 33(4): 17-24.

[9] 张圆, 姚晓军, 周苏刚, 等. 2000—2019 年三江源地区冰川矢量数据集[J]. 中国科学数据(中英文网络版), 2021, 6(2): 183-194.

[10] 吴豪, 虞孝感, 梅洁人. 青海省生态环境若干问题及其对策措施[J]. 地理学与国土研究, 2001(3): 58-62.

[11] 李红梅, 颜亮东, 温婷婷, 等. 三江源地区气候变化特征及其影响评估[J]. 高原气象, 2022, 41(2): 306-316.

[12] 姚檀栋, 邬光剑, 徐柏青, 等. "亚洲水塔"变化与影响[J]. 中国科学院院刊, 2019, 34(11): 1203-1209.

[13] GAO Y, CUO L, ZHANG Y. Changes in moisture flux over the Tibetan plateau during 1979～2011 and possible mechanisms[J]. Journal of climate, 2014, 27(5): 1876-1893.

[14] 刘晓琼, 吴泽洲, 刘彦随, 等. 1960—2015 年青海三江源地区降水时空特征[J]. 地理学报, 2019, 74(9): 1803-1820.

[15] 强安丰, 魏加华, 解宏伟. 青海三江源地区气温与降水变化趋势分析[J]. 水电能源科学, 2018, 36(2): 10-14.

[16] 韩熠哲, 马伟强, 王炳赟, 等. 青藏高原近30年降水变化特征分析[J]. 高原气象, 2017, 36(6):1477-1486.

[17] 李晓英, 姚正毅, 肖建华, 等. 1961—2010 年青藏高原降水时空变化特征分析[J]. 冰川冻土, 2016, 38(5): 1233-1240.

[18] 许建伟, 高艳红, 彭保发, 等. 1979—2016 年青藏高原降水的变化特征及成因分析[J]. 高原气象, 2020, 39(2): 234-244.

[19] 强安丰, 魏加华, 解宏伟, 等. 三江源区大气水汽含量时空特征及其转化变化[J]. 水科学进展, 2019, 30(1): 14-23.

[20] 顾磊, 陈杰, 尹家波, 等. 气候变化下中国主要流域气象水文干旱潜在风险传播[J]. 水科学进展, 2021, 32(3): 321-333.

[21] XU K, ZHONG L, MA Y, et al. A study on the water vapor transport trend and water vapor source of the Tibetan plateau[J]. Theoretical and applied climatology, 2020, 140(3/4): 1031-1042.

[22] 常姝婷, 刘玉芝, 华珊, 等. 全球变暖背景下青藏高原夏季大气中水汽含量的变化特征[J]. 高原气象, 2019, 38(2): 227-236.

[23] 姚宜斌, 雷祥旭, 张良, 等. 青藏高原地区1979～2014年大气可降水量和地表温度时空变化特征分析[J]. 科学通报, 2016, 61(13): 1462-1477.

[24] LU N, TRENBERTH K E, QIN J, et al. Detecting long-term trends in precipitable water over the Tibetan Plateau by synthesis of station and MODIS observations[J]. Journal of climate, 2015, 28(4): 1707-1722.

[25] 陈德亮, 徐柏青, 姚檀栋, 等. 青藏高原环境变化科学评估: 过去、现在与未来[J]. 科学通报, 2015, 60(32): 3025-3035.

[26] GUO Y, WANG C. Trends in precipitation recycling over the Qinghai–Xizang Plateau in last decades[J]. Journal of hydrology, 2014, 517:826-835.

[27] 解承莹, 李敏姣, 张雪芹. 近30 a青藏高原夏季空中水资源时空变化特征及其成因[J]. 自然资源学报, 2014, 29(6): 979-989.

[28] ZHANG D L, HUANG J P, GUAN X D, et al. Long-term trends of precipitable water and precipitation over the Tibetan Plateau derived from satellite and surface measurements[J]. Journal of quantitative spectroscopy & radiative transfer, 2013, 122: 64-71.

[29] ZHANG C, TANG Q, CHEN D, et al. Moisture source changes contributed to different precipitation changes over the northern and southern Tibetan Plateau[J]. Journal of hydrometeorology, 2019, 20(2): 217-229.

[30] DONG W, LIN Y, WRIGHT J S, et al. Summer rainfall over the southwestern Tibetan plateau controlled by deep convection over the Indian subcontinent[J]. Nature communications, 2016, 7(1): 1-9.

[31] DONG W, LIN Y, WRIGHT J S, et al. Connections between a late summer snowstorm over the southwestern Tibetan plateau and a concurrent Indian monsoon low-pressure system[J]. Journal of geophysical research: atmospheres, 2018, 123(24): 13676-13691.

[32] 周天军, 高晶, 赵寅, 等. 影响"亚洲水塔"的水汽输送过程[J]. 中国科学院院刊, 2019, 34(11): 1210-1219.

[33] 林厚博, 游庆龙, 焦洋, 等. 青藏高原及附近水汽输送对其夏季降水影响的分析[J]. 高原气象, 2016, 35(2):309-317.

[34] ZHANG C. Moisture sources for precipitation in southwest China in summer and the changes during the extreme droughts of 2006 and 2011[J]. Journal of hydrology, 2020, 591: 125333.

[35] 汤秋鸿, 刘宇博, 张弛, 等. 青藏高原及其周边地区降水的水汽来源变化研究进展[J]. 大气科学学报, 2020, 43(6): 1002-1009.

[36] 刘屹岷, 刘伯奇, 任荣彩, 等. 当前重大厄尔尼诺事件对我国春夏气候的影响[J]. 中国科学院院刊, 2016, 31(2): 241-250.

[37] 贺圣平, 王会军, 徐鑫萍, 等. 2015/2016 冬季北极世纪之暖与超级厄尔尼诺对东亚气候异常的影响[J]. 大气科学学报, 2016, 39(6):735-743.

[38] GAO J, HE Y, MASSON-DELMOTTE V, et al. ENSO effects on annual variations of summer precipitation stable isotopes in Lhasa, southern Tibetan plateau[J]. Journal of climate, 2018, 31(3): 1173-1182.

[39] 任倩, 周长艳, 何金海, 等. 前期印度洋海温异常对夏季高原"湿池"水汽含量的影响及其可能原因[J]. 大气科学, 2017, 41(3):648-658.

[40] 张平, 陈碧辉, 毛晓亮. 青藏高原东侧降水与印度洋海温的遥相关特征[J]. 高原山地气象研究, 2008(2): 15-21.

[41] 刘晓东, 侯萍. 青藏高原中东部夏季降水变化及其与北大西洋涛动的联系[J]. 气象学报, 1999(5): 561-570.

[42] LIU X, YIN Z. Spatial and temporal variation of summer precipitation over the eastern Tibetan plateau and the north Atlantic oscillation[J]. Journal of climate, 2001, 14(13): 2896-2909.

[43] LIU H, DUAN K, LI M, et al. Impact of the north atlantic oscillation on the dipole oscillation of summer precipitation over the central and eastern Tibetan plateau[J].International journal of climatology, 2015, 35(15): 4539-4546.

[44] 李铁键, 李家叶, 傅汪, 等. 空中水资源的输移与转化[M]. 武汉: 长江出版社, 2019.

[45] 欧阳琳, 阳坤, 秦军, 等. 喜马拉雅山区降水研究进展与展望[J]. 高原气象, 2017, 36(5): 1165-1175.

[46] YU R, LI J, ZHANG Y, et al. Improvement of rainfall simulation on the steep edge of the Tibetan plateau by using a finite-difference transport scheme in CAM5[J]. Climate dynamics, 2015, 45(9/10): 2937-2948.

[47] SU F, DUAN X, CHEN D, et al. Evaluation of the global climate models in the CMIP5 over the Tibetan plateau[J]. Journal of climate, 2013, 26(10): 3187-3208.

[48] MAURITSEN T, STEVENS B, ROECKNER E, et al. Tuning the climate of a global model[J]. Journal of advances in modeling earth systems, 2012, 4(3): 1-18.

[49] ZHANG Y, LI J. Impact of moisture divergence on systematic errors in precipitation around the Tibetan plateau in a general circulation model[J]. Climate dynamics, 2016, 47(9/10): 2923-2934.

[50] ZHOU X, YANG K, BELJAARS A, et al. Dynamical impact of parameterized turbulent orographic form drag on the simulation of winter precipitation over the western Tibetan plateau[J]. Climate dynamics, 2019, 53(1/2): 707-720.

[51] MAUSSION F, SCHERER D, FINKELNBURG R, et al. WRF simulation of a precipitation event over the Tibetan plateau, China-an assessment using remote sensing and ground observations[J]. Hydrology and earth system sciences, 2011, 15(6): 1795-1817.

[52] 吴遥, 李跃清, 蒋兴文, 等. WRF 模拟青藏高原东南部极端旱涝年降水的参数敏感性研究[J]. 高原气象, 2017, 36(3): 619-631.

[53] LIN C, CHEN D, YANG K, et al. Impact of model resolution on simulating the water vapor transport through the central himalayas: implication for models' wet bias over the Tibetan plateau[J]. Climate dynamics, 2018, 51(9/10): 3195-3207.

[54] 冯蕾, 周天军. 高分辨率 MRI 模式对青藏高原夏季降水及水汽输送通量的模拟[J]. 大气科学, 2015, 39(2): 385-396.

[55] PREIN A F, LANGHANS W, FOSSER G, et al. A review on regional convection-permitting climate modeling: demonstrations, prospects, and challenges[J]. Reviews of geophysics, 2015, 53(2): 323-361.

[56] GAO Y, XIAO L, CHEN D, et al. Comparison between past and future extreme precipitations simulated by global and regional climate models over the Tibetan plateau[J]. International journal of climatology, 2018, 38(3): 1285-1297.

[57] 周天军, 吴波, 郭准, 等. 东亚夏季风变化机理的模拟和未来变化的预估: 成绩和问题、机遇和挑战[J]. 大气科学, 2018, 42(4): 902-934.

[58] LI P, FURTADO K, ZHOU T, et al. Convection-permitting modelling improves simulated precipitation over the central and eastern Tibetan plateau[J]. Quarterly journal of the royal meteorological society, 2021, 147(734): 341-362.

[59] LV M, XU Z, YANG Z L. Cloud resolving WRF simulations of precipitation and soil moisture over the central Tibetan plateau: an assessment of various physics options[J]. Earth and space science, 2020, 7(2): 1-21.

[60] ZHOU X, YANG K, OUYANG L, et al. Added value of kilometer-scale modeling over the third pole region: a CORDEX-CPTP pilot study[J]. Climate dynamics, 2021, 57: 1673-1687.

[61] WANG X, TOLKSDORF V, OTTO M, et al. WRF-based dynamical downscaling of ERA5 reanalysis data for high mountain Asia: towards a new version of the high Asia refined analysis[J]. International journal of climatology, 2021, 41(1): 743-762.

[62] 钟永华, 鲁帆, 易忠, 等. 密云水库以上流域年径流变化趋势及周期分析[J]. 水文, 2013, 33(6): 81-84.

[63] 古丽孜巴·艾尼瓦尔, 麦麦提吐尔逊·艾则孜, 米热古丽·艾尼瓦尔, 等. 基于小波分析 1956—2010 年焉耆盆地清水河径流量季节变化规律[J]. 水土保持研究, 2016, 23(1): 210-214.

[64] YE Y, ZHANG J P, YANG J C, et al. Study on the periodic fluctuations of runoff with multi-time scales based on set pair analysis[J]. Desalination and water treatment, 2018, 129: 332-336.

[65] WANG W C, CHAU K W, QIU L, et al. Improving forecasting accuracy of medium and long-term runoff using artificial neural network based on EEMD decomposition[J]. Environmental research, 2015, 139: 46-54.

[66] STOJKOVIĆ M, PROHASKA S, PLAVŠIĆ J. Stochastic structure of annual discharges of large European rivers[J]. Journal of hydrology and hydromechanics, 2015, 63(1): 75-82.

[67] 陈立华, 王焰, 易凯, 等. 钦州市降雨及入海河流径流演变规律与趋势分析[J]. 水文, 2016, 36(6): 89-96.

[68] 代稳, 吕殿青, 李景保, 等. 气候变化和人类活动对长江中游径流量变化影响分析[J]. 冰川冻土, 2016, 38(2): 488-497.

[69] 陆阳, 尹剑, 邹逸江, 等. 淮河流域近 50 年来气候变化及突变分析[J]. 世界科技研究与发展, 2016, 38(4): 814-820.

[70] JIANG C, WANG F. Temporal changes of streamflow and its causes in the Liao River Basin over the

period of 1953—2011, Northeastern China[J]. Catena, 2016, 145: 227-238.

[71] MAONATLALA T, JEAN-CLAUDE M M, PHILIPPE C, et al. The effect of measurement errors on the performance of the homogenously weighted moving average X monitoring scheme[J]. Journal of statistical computation and simulation, 2021, 91(7): 1306-1330.

[72] 燕明达, 宋孝玉, 李怀有. 砚瓦川流域 1981—2012 年降水特性及趋势分析[J]. 水资源与水工程学报, 2014, 25(3): 116-119.

[73] XIE Y Y, LIU S Y, HUANG Q, et al. Annual runoff prediction of the upstream of Heihe River Basin, China[C]. IOP conference series: earth and environmental science, IOP Publishing 2017, 82(1): 12057.

[74] 汪峰. 长江安徽段径流演变规律分析[J]. 人民长江, 2015, 46(S1): 67-68.

[75] 吴子怡, 谢平, 桑燕芳, 等. 水文序列跳跃变异点的滑动相关系数识别方法[J]. 水利学报, 2020, 48(12): 1473-1481.

[76] 曹广学, 张世泉. BP 模型在降雨径流预报中的应用研究[J]. 太原理工大学学报, 2005(3): 350-353.

[77] 李福威. 降雨径流经验相关模型在桓仁水库洪水预报中的应用[J]. 东北水利水电, 2002(1): 35-37.

[78] 林三益, 薛焱森, 晁储经, 等. 斯坦福(IV)萨克拉门托流域水文模型的对比分析[J]. 成都科技大学学报, 1983(3): 83-90.

[79] CRAWFORD N H, BURGES S J. History of the Stanford watershed model[J]. Water resources impact, 2004, 6(2): 3-6.

[80] SOROOSHIAN S, DUAN Q, GUPTA V K. Calibration of rainfall-runoff models: application of global optimization to the Sacramento soil moisture accounting model[J]. Water resources research, 1993, 29(4): 1185-1194.

[81] 赵彦增, 张建新, 章树安, 等. HBV 模型在淮河官寨流域的应用研究[J]. 水文, 2007(2): 57-59, 6.

[82] LINDSTRÖM G. A simple automatic calibration routine for the HBV model[J]. Hydrology research, 1997, 28(3): 153-168.

[83] 关志成, 朱元甡, 段元胜, 等. 水箱模型在北方寒冷湿润半湿润地区的应用探讨[J]. 水文, 2001(4): 25-29.

[84] LEE Y H, SINGH V P. Tank model using Kalman filter[J]. Journal of hydrologic engineering, 1999, 4(4): 344-349.

[85] BEVEN K J, KIRKBY M J. A physically based, variable contributing area model of basin hydrology [J]. Hydrological science Journal, 1979, 24(1): 43-69.

[86] 陈仁升, 康尔泗, 杨建平, 等. Topmodel 模型在黑河干流出山径流模拟中的应用[J]. 中国沙漠, 2003(4): 94-100.

[87] 王佩兰. 三水源新安江流域模型的应用经验[J]. 水文, 1982(5): 24-31.

[88] 朱求安, 张万昌. 新安江模型在汉江江口流域的应用及适应性分析[J]. 水资源与水工程学报, 2004(3): 19-23.

[89] 田开迪, 沈冰, 贾宪. MIKE SHE 模型在灞河径流模拟中的应用研究[J]. 水资源与水工程学报, 2016, 27(1): 91-95.

[90] 陶新, 刘志雨, 颜亦琪, 等. TOPKAPI 模型在伊河流域的应用研究[J]. 人民黄河, 2009, 31(3):

105-106, 108.

[91] 胡彩虹, 郭生练, 彭定志, 等. VIC 模型在流域径流模拟中的应用[J]. 人民黄河, 2005(10): 22-24, 28.

[92] 陈祥, 刘卫林, 熊翰林, 等.SWAT 模型在赣江流域径流模拟中的应用研究[J]. 人民珠江, 2018, 39(12): 31-35, 53.

[93] 朱明飞, 刘海隆.基于 SWAT 模型干旱区内陆河流域径流成分的模拟分析: 以玛纳斯河上游为例[J]. 石河子大学学报(自然科学版), 2018, 36(1): 89-94.

[94] 李庆云, 李大山, 余新晓, 等. 基于 SWAT 模型的中尺度流域径流变化过程模拟[J]. 人民黄河, 2015, 37(11): 4-7.

[95] 王锦旗, 郑有飞. SWAT 模型在三江源地区适用性的初步分析[J].气象与环境科学, 2014, 37(3): 102-107.

[96] BIZUNEH B B, MOGES M A, SINSHAW B G , et al. SWAT and HBV Models' response to streamflow estimation in the upper blue nile basin, Ethiopia[J]. Water-energy nexus, 2021, 4: 41-53.

[97] 杨侃, 许吟隆, 陈晓光, 等. 全球气候模式对宁夏区域未来气候变化的情景模拟分析[J]. 气候与环境研究, 2007(5): 629-637.

[98] 彭世球, 刘段灵, 孙照渤, 等. 区域海气耦合模式研究进展[J]. 中国科学:地球科学, 2012, 42(9): 1301-1316.

[99] LI Y YANG , D H, BENG H, et al. Evaluation of precipitation in CMIP6 over the Yangtze River Basin[J]. Atmospheric research, 2020, 253: 105406.

[100] YANGX L ZHOU B T, XU Y, et.al. CMIP6 Evaluation and projection of temperature and precipitation over China[J]. Advances in atmospheric sciences, 2021, 38(5): 817-830.

[101] BAACI S A, YUCEL I, DUZENLI E, et al. Intercomparison of the expected change in the temperature and the precipitation retrieved from CMIP6 and CMIP5 climate projections: a mediterranean hot spot case, turkey[J]. Atmospheric research, 2021, 256:105576.

[102] ZHU X, LEE S Y, WEN X, et al. Extreme climate changes over three major river basins in China as seen in CMIP5 and CMIP6[J]. Climate dynamics, 2021(17): 1-19.

[103] GAO H, FENG Z, ZHANG T, et al. Assessing glacier retreat and its impact on water resources in a headwater of Yangtze River based on CMIP6 projections[J]. Science of the total environment, 2021, 765: 142774.

[104] WANG T, ZHAO Y, XU C, et al. Atmospheric dynamic constraints on Tibetan plateau freshwater under Paris climate targets[J]. Nature climate change, 2021, 11(3): 219-225.

[105] RAMANARA T, SRINIVASAN R, WILLIAMS J, et al. Large area hydrologic modeling and assessment part II: model application[J]. JAWRA journal of the American water resources association, 1998, 34(1): 91-101.

[106] DICKINSON R E,ERRICO R M, GIORGI F, et al. A regional climate model for the western United States[J]. Climatic change, 1989, 15(3): 383-482.

[107] GIORGI F. Simulation of regional climate using a limited area model nested in a general circulation model[J]. Journal of climate. 1990, 3(9): 941-963.

[108] MURPHY J. An evaluation of statistical and dynamical techniques for downscaling local climate[J].

Journal of climate, 1999, 12(8): 2256-2284.

[109] FOWLER H J, EKSTROM M, BLENKINSOP S, et al. Estimating change in extreme European precipitation using a multimodel ensemble[J]. Climate and dynamics, 2007, 112(18): 104.

[110] 陈德亮, 范丽军, 符淙斌. 统计降尺度法对未来区域气候变化情景预估的研究进展[J]. 地球科学进展. 2005(3): 320-329.

[111] 刘卫林, 朱圣男, 刘丽娜, 等. 基于 SDSM 的赣江流域未来降水与气温的时空变化分析[J]. 水力发电, 2019, 45(7): 7-10, 54.

[112] AKHTER M S, SHAMSELDIN A Y, MELVILLE B W. Comparison of dynamical and statistical rainfall downscaling of CMIP5 ensembles at a small urban catchment scale[J]. Stochastic environmental research and risk assessment, 2019, 33(4/6): 989-1012.

[113] MOLINA O D, BERNHOFER C. Projected climate changes in four different regions in Colombia[J]. Environmental systems research, 2019, 8(1): 1-11.

[114] 郭彬斌, 张静, 宫辉力, 等. 妫水河流域未来气候变化下的水文响应研究[J]. 人民黄河, 2014, 36(1): 48-51.

[115] 张徐杰, 朱聪, 程开宇, 等. SWAT 模型在兰江流域未来径流模拟中的应用[J]. 浙江水利水电学院学报, 2016, 28(2): 13-16.

[116] 丁相毅, 周怀东, 王宇晖, 等. 基于分布式水文模型的三峡库区污染负荷对气候变化的响应研究[J]. 环境科学学报, 2012, 32(8): 1991-1998.

[117] 董磊华. 考虑气候模式影响的径流模拟不确定性分析[D]. 武汉: 武汉大学, 2013.

[118] 何旦旦. 基于统计降尺度-SWAT 水文模型的开都河流域未来气候预估与径流模拟[D]. 乌鲁木齐: 新疆大学, 2018.

[119] 顾明林. 黄河源区生态环境保护与水资源可持续利用分析[J]. 甘肃农业, 2019(9): 76-77.

[120] 陈亚玲, 文军, 刘蓉, 等. 江河源区水汽输送与收支的时空演变特征分析[J]. 高原气象, 2022, 41(1): 167-176.

[121] 陈同德, 焦菊英, 王颢霖, 等. 青藏高原土壤侵蚀研究进展[J]. 土壤学报, 2020, 57(3): 547-564.

[122] 魏俊彪, 王高旭, 吴永祥. 黄河水资源利用及其对生态环境的影响分析[J]. 水电能源科学, 2012, 30(7): 9-12, 219.

[123] HALIK A, HALIK W, BIAN Z. The quantitative analysis of coupling system sustainable development of oasis water resources-ecological environment-economic society[J]. Journal of arid land resources and environment, 2010, 24(4):26-31.

[124] 陈敏, 黄政, 陈卫杰. 我国西北地区水资源利用及保护问题研究[J]. 中国工程科学, 2011, 13(1): 98-101.

[125] 鲍超, 方创琳. 干旱区水资源开发利用对生态环境影响的研究进展与展望[J]. 地理科学进展, 2008(3): 38-46.

[126] 李柏山. 水资源开发利用对汉江流域水生态环境影响及生态系统健康评价研究[D]. 武汉: 武汉大学, 2013.

[127] HOSSAIN M, PATRA P K. Contamination zoning and health risk assessment of trace elements in groundwater through geostatistical modelling[J]. Ecotoxicology and environmental safety, 2020, 189: 110038.

[128] 朱冰冰，李占斌，李鹏，等. 草本植被覆盖对坡面降雨径流侵蚀影响的试验研究[J]. 土壤学报，2010, 47(3): 401-407.

[129] 夏振尧，梁永哲，牛鹏辉，等. 植被对含碎石土壤坡面降雨入渗和径流侵蚀的影响[J]. 水土保持通报，2016, 36(3): 88-93.

[130] 李龙，郝明德，王安. 人工降雨条件下耕翻面积对水土流失的影响[J]. 水土保持通报，2015(5): 34-38.

[131] ANDERSON B J, AKÇAKAYA H R, ARAÚJO M B, et al. Dynamics of range margins for metapopulations under climate change[J]. Proceedings of the royal society B-biological sciences, 2009，276(1661): 1415- 1420.

[132] LAURA M M, ADRIANA M K, CECILIA B, et al. Ecological status of a patagonian mountain river: usefulness of environmental and biotic metrics for rehabilitation assessment[J]. Environmental management, 2016, 57(6): 1166-1187.

[133] 沈珍瑶，杨志峰. 灰色关联分析方法用于指标体系的筛选[J]. 数学的实践与认识，2002(5): 728-732.

[134] 周华荣. 新疆生态环境质量评价指标体系研究[J]. 中国环境科学，2000, 20(2): 150-153.

[135] 刘振波，赵军，倪绍祥. 绿洲生态环境质量评价指标体系研究:以张掖市绿洲为例[J]. 干旱区地理，2004(4): 580-585.

[136] 王薇，陈为峰，李其光，等. 黄河三角洲湿地生态系统健康评价指标体系[J]. 水资源保护，2012, 28(1): 13-16.

[137] 郭潇，方国华，章哲恺. 跨流域调水生态环境影响评价指标体系研究[J]. 水利学报，2008(9): 1125-1130, 1135.

[138] 张峰，李珍存. 陕西省榆林地区生态环境评价研究[J]. 水土保持通报，2008, 28(6): 146-150.

[139] 张泽中，齐青青，高芸，等. 基于云理论的河流生态影响综合评价[J]. 华北水利水电大学学报(自然科学版), 2014, 35(2): 30-34.

[140] 王根绪，钱鞠，程国栋. 区域生态环境评价(REA)的方法与应用:以黑河流域为例[J]. 兰州大学学报，2001(2): 131-140.

[141] ALBERTI M. Urban patterns and environmental performance: what do we know?[J]. Journal of planning education & research, 1999, 19(2): 151-163.

[142] VRIES P D, TAMIS J E, FOEKEMA E M, et al. Towards quantitative ecological risk assessment of elevated carbon dioxide levels in the marine environment[J]. Marine pollution bulletin, 2013, 73(2): 516-523.

[143] WALTNER T D, KAY J. The evolution of an ecosystem approach: the diamond schematic and an adaptive methodology for ecosystem sustainability and health[J]. Ecology and society, 2005, 10(1): 585-607.

[144] FUCHS R, HEROLD M, VERBURG P H. Gross changes in reconstructions of historic land cover/use for Europe between 1900 and 2010[J]. Global change biology, 2015, 21(1): 299-313.

[145] 舒远琴，宋维峰，马建刚. 哈尼梯田湿地生态系统健康评价指标体系构建[J]. 生态学报，2021, 41(23): 9292-9304.

[146] SIMBOURA N, REIZOPOULO S. A comparative approach of assessing ecological status in two coastal areas of eastern Mediterranean[J]. Ecological indicators, 2007, 7(2): 455-468.

[147] AYLAGAS E, BORJA Á, MUXIKA I, et al. Adapting metabarcoding-based benthic biomonitoring into routine marine ecological status assessment networks[J]. Ecological indicators, 2018, 95: 194-202.

[148] 廖玉静, 宋长春, 郭跃东, 等. 三江平原湿地生态系统稳定性评价指标体系和评价方法[J]. 干旱区资源与环境, 2009, 23(10): 89-94.

[149] 张延飞, 唐鑫, 张振东, 等. 基于粗糙集和突变模型的鄱阳湖域生态经济区划[J]. 人民长江, 2016, 47(15): 25-29.

[150] 方林, 蔡俊, 刘艳晓, 等. 长三角地区生态系统服务价值动态演化及驱动力分析[J]. 生态与农村环境学报, 2022, 38(5): 556-565.

[151] 王治和, 黄坤, 张强. 基于可拓云模型的区域生态安全预警模型及应用: 以祁连山冰川与水源涵养生态功能区张掖段为例[J]. 安全与环境学报, 2017, 17(2):768-774.

[152] 付博, 姜琦刚, 任春颖, 等. 基于神经网络方法的湿地生态脆弱性评价[J]. 东北师大学报(自然科学版), 2011, 43(1):139-143.

[153] 邵波, 陈兴鹏. 甘肃省生态环境质量综合评价的AHP分析[J]. 干旱区资源与环境, 2005(4):29-32.

[154] 周维博, 李佩成. 干旱半干旱地域灌区水资源综合效益评价体系研究[J]. 自然资源学报, 2003(3): 288-293.

[155] 贺三维, 潘鹏, 王海军. 基于PSR和云理论的农用地生态环境评价: 以广东省新兴县为例[J]. 自然资源学报, 2011, 26(8): 1346-1352.

[156] 付爱红, 陈亚宁, 李卫红. 基于层次分析法的塔里木河流域生态系统健康评价[J]. 资源科学, 2009, 31(9): 1535-1544.

[157] 李如忠. 基于模糊物元分析原理的区域生态环境评价[J]. 合肥工业大学学报(自然科学版), 2006(5): 597-601.

[158] 潘竟虎, 冯兆东. 基于熵权物元可拓模型的黑河中游生态环境脆弱性评价[J]. 生态与农村环境学报, 2008(1):1-4, 9.

[159] BUNN S E, ABAL E G, SMITH M J, et al. Integration of science and monitoring of river ecosystem health to guide investments in catchment protection and rehabilitation[J]. Freshwater biology. 2010, 55: 223-240.

[160] MARIANO D A, SANTOS C, WARDLOW B D, et al. Use of remote sensing indicators to assess effects of drought and human-induced land degradation on ecosystem health in northeastern Brazil[J]. Remote sensing of environment, 2018, 213:129-143.

[161] 张杨, 严金明, 江平. 基于正态云模型的湖北省土地资源生态安全评价[J]. 农业工程学报, 2013, 29(22): 252-258.

[162] SAJADIAN M, KHOSHBAKHT K, LIAGHATI H, et al. Developing and quantifying indicators of organic farming using analytic hierarchy process[J]. Ecological indicators, 2017, 83: 103-111.

[163] 李朝霞, 牛文娟. 水电梯级开发对生态环境影响评价模型与应用[J]. 水力发电学报, 2009, 28(2): 35-40.

[164] 裴厦, 谢高地, 鲁春霞, 等. 水利工程梯级开发对河流生态系统服务累积影响浅析: 以猫跳河为例[J]. 资源科学, 2011, 33(8): 1469-1474.

[165] 巴亚东. 蓄滞洪区建设对生态敏感区生物多样性影响评价: 以华阳河蓄滞洪区建设工程为例[J]. 人民长江, 2019, 50(12): 42-45, 181.

[166] 李明月, 赖笑娟. 基于BP神经网络方法的城市土地生态安全评价: 以广州市为例[J]. 经济地理, 2011, 31(2): 289-293.

[167] 高长波, 陈新庚, 韦朝海. 熵权模糊综合评价法在城市生态安全评价中的应用[J]. 应用生态学报, 2006(10): 1923-1927.

[168] 汤洁, 佘孝云, 林年丰. 吉林省大安市生态环境规划系统动力学仿真模型[J]. 生态学报, 2005, (5): 1178-1183.

[169] 卢亚卓, 汪林, 李良县, 等.水资源价值研究综述[J]. 南水北调与水利科技, 2007(4): 50-52, 87.

[170] TAYLOR B W, NORTH R M. The Measurement of economic uncertainty in public water resource development.[J]. American journal of agricultural economics, 1976, 58(4): 636-643.

[171] FAKHRAEI S H, NARAYANAN R, HUGHES T C. Price rigidity and quantity rationing rules under stochastic water supply[J]. Water resources research, 1984, 20(6): 664-670.

[172] BROOKSHIRE D S, EUBANKS L S, SORG C F. Existence values and normative economics: implications for valuing water resources[J]. Water resources research, 1986, 22(11): 1509-1518.

[173] PEARCE D. Valuing natural resources and the implications for land and water management[J]. Resources policy, 1987, 13(4): 255-264.

[174] EFTHYMOGLOU P G. Optimal use and the value of water resources in electricity generation[J]. Management science, 1987, 33(12): 1622-1634.

[175] MONCUR J E T. Drought episodes management: the role of price[J]. JAWRA journal of the American water resources association, 1989, 25(3): 499-505.

[176] BRAJER V, MARTIN W E. Water rights markets: social and legal considerations: resource's 'community' value, legal inconsistencies and vague definition and assignment of rights color issues[J]. American journal of economics &sociology, 1990, 49(1): 35-44.

[177] KUNDZEWICZ Z W, ZBIGNIEW W. New uncertainty concepts in hydrology and water resources[M]. New York: Cambridge University Press, 1995.

[178] JOHANSSON R C, TSUR Y, ROE T L, et al. Pricing irrigation water: a review of theory and practice[J]. Water policy, 2002, 4(2):173-199.

[179] PHUONG D M, GOPALAKRISHNAN C. An application of the contingent valuation method to estimate the loss of value of water resources due to pesticide contamination: the case of the Mekong delta, vietnam[J]. International journal of water resources development, 2003, 19(4):617-633.

[180] MASOTA A M. Valuing water resource for baga watershed management using water poverty index (WPI), Lushoto, Tanzania[D]. Tanzania:Sokoine university of agriculture, 2009.

[181] DAVIES E, SIMONOVIC S P. Global water resources modeling with an integrated model of the social-economic-environmental system[J]. Advances in water resources, 2011, 34(6): 684-700.

[182] MILLER C T, DAWSON C N, FARTHING M W, et al. Numerical simulation of water resources problems: models, methods, and trends[J]. Advances in water resources, 2013, 51(1): 405-437.

[183] DIJK D V, SIBER R, BROUWER R, et al. Valuing water resources in Switzerland using a hedonic

price model[J]. Water resources research, 2016, 52(5): 3510-3526.

[184] 姜文来, 王华东. 我国水资源价值研究的现状与展望[J]. 地理学与国土研究, 1996, 12(1): 2-5.

[185] 胡昌暖, 王彦, 黎玖高. 资源价格研究[M]. 北京: 中国物价出版社, 1993.

[186] 王彦. 论自然资源价格的确定[J]. 价格理论与实践, 1992(2): 11-15.

[187] 黄贤金. 自然资源二元价值论及其稀缺价格研究[J]. 中国人口·资源与环境, 1994(4): 44-47.

[188] 张志乐. 初论天然水资源价格[J]. 水利科技与经济, 1996(3): 101-103.

[189] 姜文来, 王华东. 水资源价值和价格初探[J]. 水利水电科技进展, 1995(2): 37-40.

[190] 姜文来, 王华东, 王淑华, 等. 水资源耦合价值研究[J]. 自然资源, 1995(2): 17-23.

[191] 沈大军, 梁瑞驹, 王浩, 等. 水资源价值[J]. 水利学报, 1998(5): 55-60.

[192] 贾绍凤, 康德勇. 提高水价对水资源需求的影响分析: 以华北地区为例[J]. 水科学进展, 2000(1): 49-53.

[193] 王浩, 甘泓, 武博庆. 水资源资产与现代水利[J]. 中国水利, 2002(10): 151-153.

[194] 辛长爽, 金锐. 水资源价值及其确定方法研究[J]. 西北水资源与水工程, 2002(4): 15-17, 23.

[195] 毛春梅, 袁汝华. 黄河流域水资源价值的计算与分析[J]. 中国人口·资源与环境, 2003(3): 28-32.

[196] 朱九龙, 陶晓燕, 王世军, 等. 淮河流域水资源价值测算与分析[J]. 自然资源学报, 2005(1): 126-131.

[197] 秦长海. 水资源定价理论与方法研究[D]. 北京: 中国水利水电科学研究院, 2013.

[198] 吴泽宁, 黄硕俏, 狄丹阳, 等. 黄河流域农业系统水资源价值及其空间分布研究[J]. 灌溉排水学报, 2019, 38(12): 93-100.

[199] 彭卓越. 调水工程的水资源多维价值评估研究[D]. 沈阳: 东华大学, 2018.

[200] 袁汝华, 朱九龙, 陶晓燕, 等. 影子价格法在水资源价值理论测算中的应用[J]. 自然资源学报, 2002(6): 757-761.

[201] 石家豪. 基于量质耦合的京津冀地区水资源利用效用评价[D]. 郑州: 华北水利水电大学, 2020.

[202] 林汝颜. 水资源价值与水资源可持续利用研究[D]. 南京: 河海大学, 2001.

[203] ÁLVAREZ-AYUSO I C, CONDEÇO-MELHORADO A M, GUTIÉRREZ J, et al. Integrating network analysis with the production function approach to study the spillover effects of transport infrastructure[J]. Regional studies, 2016, 50(6): 996-1015.

[204] 甘泓, 汪林, 倪红珍, 等. 水经济价值计算方法评价研究[J]. 水利学报, 2008(11): 1160-1166.

[205] 唐瑜, 宋献方, 马英, 等. 基于优化配置的南水北调受水区水资源价值研究[J]. 南水北调与水利科技, 2018, 16(1): 189-194.

[206] 吕翠美. 区域水资源生态经济价值的能值研究[D]. 郑州: 郑州大学, 2009.

[207] 闫红娇. 区域间水权转换模式及定价机制研究[D]. 兰州: 兰州理工大学, 2019.

[208] 沈大军, 王浩, 阮本清, 等. 水价理论与实践[M]. 北京: 科学出版社, 1999.

[209] 李金昌. 资源核算论[M]. 北京: 海洋出版社, 1991.

[210] 王浩, 阮本清, 沈大军. 面向可持续发展的水价理论与实践[M]. 北京: 科学出版社. 2003.

[211] 王克强, 邓光耀, 刘红梅. 基于多区域CGE模型的中国农业用水效率和水资源税政策模拟研究[J]. 财经研究, 2015, 41(3): 40-52.

[212] DUDU H, CHUMI S. Economics of irrigation water management: a literature survey with focus on

partial and general equilibrium models[R]. Policy research working paper, 2008.

[213] 朱启林, 申碧峰, 孙静.基于优化配置的北京市水资源影子价格研究[J].人民黄河, 2016, 38(12): 97-98, 102.

[214] 秦长海, 甘泓, 张小娟, 等.水资源定价方法与实践研究 II: 海河流域水价探析[J]. 水利学报, 2012, 43(4): 429-436.

[215] 苗慧英, 杨志娟.区域水资源价值模糊综合评价[J]. 南水北调与水利科技, 2003(5): 17-19.

[216] 李怀恩, 庞敏, 肖燕, 等. 基于水资源价值的陕西水源区生态补偿量研究[J]. 西北大学学报(自然科学版), 2010, 40(1): 149-154.

[217] ODUM H T. Environmental accounting: emergy and environmental decision making[M]. New York: John wiley & sons, 1996.

[218] 蓝盛芳, 钦佩, 陆宏芳.生态经济系统能值分析[M]. 北京: 化学工业出版社, 2002.

[219] 武亚军.可持续发展型的水资源定价: 边际机会成本方法与一个动态定价模型[J]. 经济科学, 1999(1): 76-80.

[220] GAO Y, XU J, CHEN D. Evaluation of WRF Mesoscale Climate Simulations over the Tibetan Plateau during 1979—2011[J]. Journal of climate, 2015, 28(7): 2823-2841.

[221] 朱乾根, 林锦瑞, 寿绍文, 等. 天气学原理与方法[M]. 4 版. 北京: 气象出版社, 2007.

[222] 中华人民共和国国家质量监督检验检疫总局. 中华人民共和国国家标准 空中水汽资源计算方法: GB/T 35573—2017.北京: 中国国家标准化管理委员会, 2017.

[223] 黄嘉佑, 李庆祥. 气象数据统计分析方法[M]. 气象出版社, 2015.

[224] 蔡英, 钱正安, 吴统文, 等. 青藏高原及周围地区大气可降水量的分布、变化与各地多变的降水气候[J]. 高原气象, 2004(1): 1-10.

[225] GAO Y, XIAO L, CHEN D, et al. Quantification of the relative role of land-surface processes and large-scale forcing in dynamic downscaling over the Tibetan plateau[J]. Climate dynamics, 2017, 48(5/6): 1705-1721.

[226] BAO J, FENG J, WANG Y. Dynamical downscaling simulation and future projection of precipitation over China[J]. Journal of geophysical research: atmospheres, 2015, 120(16): 8227-8243.

[227] TAKAYA K, NAKAMURA H. A formulation of a phase-independent wave-activity flux for stationary and migratory quasigeostrophic eddies on a zonally varying basic flow[J]. Journal of the atmospheric sciences, 2001, 58(6): 608-627.

[228] 强安丰, 魏加华, 解宏伟. 青海三江源地区气温与降水变化趋势分析[J]. 水电能源科学, 2018, 36(2): 10-14.

[229] 何秋乐, 匡星星, 梁四海, 等. 1966—2015 年长江源冰川融水变化及其对径流的影响: 以冬克玛底河流域为例[J]. 人民长江, 2020, 51(2): 77-85, 130.

[230] 王珂, 蒲焘, 史晓宜, 等. 澜沧江源区气温与降水对径流变化的影响[J]. 气候变化研究进展, 2020, 16(3): 306-315.

[231] HESSAMI M, GACHON P, OUARDA T, et al. Automated regression-based statistical downscaling tool[J]. Environmental modelling & software, 2008, 23(6): 813-834.